乡村振兴若干问题研究

中央农办 农业农村部乡村振兴专家咨询委员会办公室　组编

中国农业出版社
北　京

图书在版编目（CIP）数据

乡村振兴若干问题研究 / 中央农办，农业农村部乡
村振兴专家咨询委员会办公室组编. —北京：中国农业
出版社，2021.12

ISBN 978-7-109-28977-2

Ⅰ.①乡… Ⅱ.①中… ②农… Ⅲ.①农村－社会主
义建设－研究－中国 Ⅳ.①F320.3

中国版本图书馆 CIP 数据核字（2021）第 257111 号

中国农业出版社出版

地址：北京市朝阳区麦子店街 18 号楼
邮编：100125
责任编辑：闫保荣 文字编辑：司雪飞
版式设计：杜 然 责任校对：沙凯霖
印刷：北京通州皇家印刷厂
版次：2021 年 12 月第 1 版
印次：2021 年 12 月北京第 1 次印刷
发行：新华书店北京发行所
开本：700mm×1000mm 1/16
印张：14
字数：280 千字
定价：58.00 元

编 印 说 明

习近平总书记强调，从中华民族伟大复兴战略全局看，民族要复兴，乡村必振兴。党的十九大提出实施乡村振兴战略，这是关系全面建设社会主义现代化国家的全局性、历史性任务，需要汇聚各方智慧、集聚更大力量，加强理论支撑和智力支持。中央农办、农业农村部乡村振兴专家咨询委员会办公室公开发布 2019—2020 年度软科学课题研究目录，组织开展乡村振兴重大理论和政策问题研究，形成了一批具有决策参考价值的研究成果。现将有关成果摘编成《乡村振兴若干问题研究》，供学习交流。

目 录

新形势下的国家粮食安全问题研究

陈萌山

2004 年以来，党中央、国务院出台了一系列促进粮食生产经营的生产政策，对保障我国粮食连续丰收发挥了重要作用。但在新形势下，现有粮食支持政策体系的不足也越来越显现出来，过去打补丁式的改革措施已经无法满足粮食产业发展的现实需要。目前迫切需要从顶层梳理粮食政策体系，理顺粮食产业各主体的利益关系，理顺政府与市场的关系，整合各类支持政策。理性分析当前的新形势及其带来的新问题，创新完善我国粮食收储政策体系，是破解各种难题，使粮食宏观运行机制走上良性发展道路的关键手段。本研究关注新形势下粮食安全政策体系改革与重构，系统梳理粮食收储政策变迁历程，总结我国粮食政策演变逻辑。分析新形势下，我国粮食最低收购价政策调整对种植户生产行为的影响。回顾主要国家粮食收储政策，为中国粮食收储政策提供参考。研究粮食库存与市场价格的互动关系，为优化储备规模提供参考。

一、我国粮食支持政策变迁与演进逻辑

我国历来有储备粮食的传统，新中国成立以来的国家粮食收储政策也经历了多次重大调整。从历史经验上来看，每一次调整过程都与

注：本文系《新形势下的国家粮食安全问题研究》课题研究成果节选，课题主持人：陈萌山，单位：中国农业科学院，课题参与人：袁龙江、钟钰、张宁宁、胡向东、牛坤玉、普蕡喆、刘明月、秦朗、张琳、崔奇峰。课题组承诺本成果严格遵守了相关学术研究道德规范。

粮食市场本身的特性、当时经济社会发展状况密切相关。

(一) 政策目标随着宏观经济状况而调整

粮食收储政策的本意是处理好农民收入、市场效益与粮食安全的"粮三角"问题。这三大目标之间本来就存在相互制约关系，是粮食宏观调控的固有特性。在不同的经济社会发展阶段，不同目标的重要程度不同，也就导致政策设计上有所偏重。计划经济时期，国际形势比较动荡、我国市场相对封闭，收储政策的主要目的在于保证国家粮食安全，对其他两个方面就有所弱化。改革开放以后，粮食市场逐渐放开，发挥价格"看不见的手"的激励作用尤为重要。提高农民种粮卖粮收入就成为新的目标，不仅有利于提高农民生活水平、维护社会稳定，而且直接刺激了生产，保证国家粮食安全。目前社会主义市场经济不断完善、市场开放程度不断提高、全球化进程也不断加快，"粮三角"三大目标的重要程度与之前有重大差别，效益背后市场机制的发挥也变得更加重要。所以 2014 年的收储政策改革，重新考量了收储政策的政策目标。改变过去补贴与价格直接挂钩的收储措施，采用价补分离的目标价格、市场化收购＋补贴的措施，来减少收储政策对市场机制的干扰。与此同时开展粮食去库存，缓解巨量库存对经济社会的影响。

(二) 变革过程中市场机制的力量逐步显现

粮食收储到底是以市场调控为主还是以政府调控为主，一直都是粮食流通领域的难点，在政策制定上也呈现明显的反复性。由于粮食这一产品的特殊性，出于国家安全考虑，新中国成立以来政府就对粮食流通实行特殊管理体制。1985 年粮食市场尝试放开以来，尽管是朝着市场化的方向走，但也经历过四次市场取向的改革与轮回。每一次都是一旦粮食产量充裕，市场化呼声就上升；而粮食供应，尤其是产量，稍微偏少，管制思路又出现。政府长期紧握粮食购销，建立专营式的办理机构，抑制了市场及社会活力。在粮食紧缺时代，集中管理能够充分调动社会资源，有效促进粮食生产和流通。但在粮食过剩后，大包大揽模式就会面临很大的负担。有学者认为，我国粮食每次过剩之后，都走向了亏损偏大、财政不堪重负的相似结果。2016年玉米临时收储政策取消，改为"市场化收购＋补贴"之后，全社会又开始担心粮食价格不稳、粮食减产等问题。但是总的来看，我国粮食收储政策是朝着逐渐市场化的方向推进的。从过去完全的计划经济体制下的粮食流通"双轨制"，到放开粮食市场之后的保护价收购，到进一步缩小政府托底功能的托市收购政策，到2014年以后在非口粮领域实施的目标价格政策、市场化收购政策，到目前在口粮领域的最低收购价政策调整措施。政府的力量在逐渐收缩，留给市场的空间越来越大。

（三）明确储备定位并合理划分储备责任

过去我国粮食收储政策和粮食调控政策、农业支持政策高度重合，政府对粮食市场的支持依靠收储政策完成，必然导致较大的政府储备规模和市场干预程度。随着政策的进一步调整，收储政策的作用逐渐分离，但目前关系还非常紧密。过去在计划经济时期，储备主要目的在备战备荒，收储本身是统购统销制度的一个重要部分。随着市场逐渐开放，除了维护国家粮食安全的目的之外，储备吞吐还发挥着调控粮食市场的目的。为了进一步保护农民、支持农业，在原有储备基础上，进一步分化出托市和临时收储，这一部分发挥的主要是农民和农业支持的作用。多目标重合，政策制定上权责关系相对混乱，导致农业支持部分规模过大。现在政策的走向，是逐渐缩小储备在农民支持和农业支持上的作用，让位给其他市场脱钩的支持政策，减少市场扭曲。与此同时，粮食安全部分的储备和市场调控部分的储备不能放松。所以，在未来政策走向中，要处理好中央政府储备本身的内部划分，根据市场经济发展状况，确定储备的定位和功能划分，并根据市场情况不断调整。另外也要处理好中央政府储备和地方储备、其他社会性储备的关系，充分发挥社会性储备的补充和调控作用。

（四）降低财政负担与激活粮食产品产业链条

扭曲市场机制造成粮食产业链失常，而且成本几乎都由政府买单，最低收购价和临时收储政策的托市政策成本非常高昂。以收购、保管、仓储、调运、轮换为主要内容的收储制度，补贴多、效率低、代价大。过去玉米临时收储政策收购费用每年补贴每吨 50 元、库存保管费用每吨 86 元、储备设施搭建费用每年 70 元，合计财政支出达 182 亿元，如果三年后轮换，财政补贴高达 600 亿元左右。以小麦为例，按照过去的补贴标准收购费用补贴为 2.5 分/市斤，保管费补贴为 3.5 分/市斤，仅估算补贴费用至少接近 200 亿元，基本上都在 500 亿元左右，这还不包括以最低收购价收购的费用。此外托市还导致原料成本高昂，稻强米弱、麦强面弱的情况越发严重，粮食加工产业经营不景气。2016 年玉米收储制度改革之后，激发了产业链条。促进了正常的市场流通秩序的形成，终止了玉米向主产区的逆向流动，使东北玉米由"就地储"变成"全国销"，南北粮食流通市场活跃，极大缓解了过去库存高企、财政负担重等问题。深加工企业成本降低，产业上下游价格关系逐渐理顺，企业开工率持续回升。

二、现行支持体系中的关键问题研究

（一）最低收购价下调对稻谷种植有一定影响，突出表现在小户"调面积"，大户"调结构"

2014 年，我国稻谷最低收购价达到顶峰后开始连续下调，由此产生的调整预期对水稻生产形成较强的价格风险冲击，农户做出何种行为响应值得关注。中国农业科学院农业经济与发展研究所在 2018 年 7—8 月对湘、赣两省种粮农户进行调查。在样本农户选择上，充分考虑地区发展水平、地理区位和相关农业自然资源禀赋等，采用分层（地级市）和随机抽样（村镇）结合的方式确定样本村，并采用简单随机抽样方式确定 5～10 个样本户。江西省抽样为南昌市、九江市、宜春市等下辖县区的 156 个农户；湖南抽样为常德市、长沙市和湘潭市下辖县的 188 个农户，这些县区既是本省的水稻大县，又因其距离省会有远有近，能够体现出距离层次。调查内容涵盖 2017—2018 年水稻生产的各项投入和产出、农户家庭和农业生产经营决策者的基本特征等信息。采用调整的 Nerlove 模型实证分析发现，滞后期种植面积、农业生产要素的流动性和水稻种植收入是决定水稻种植面积及其调整的重要因素。尽管价格调整预期对农户水稻种植面积及其调整的影响并不显著，但多数农户预期最低收购价下调，会显著提高调整种植结构的概率，最低收购价下调初步显现出种植结构调整效应和质量结构调整效应。相比小农户，大农户的退出成本更高，更多地选择调整种植结构而不是降低种植面积，这既是规模化经营中"船大难调头"的具体体现，也表明水稻种植户在承受价格下调压力方面尚有余地。但是，对 2018 年的种植收益情况和 2019 年的预期种植面积需要进一步关注。

　　上述结论初步揭示了近年来稻谷最低收购价持续下调带来的结构调整效应和质量结构升级效应，可以判断随着土地进一步向流转大农户集中，稻谷最低收购价持续下调不会引起中国水稻种植面积大幅下降和稻谷大幅度减产，建议相关部门防控最低收购价下调后的累积风险，顺应国家农业高质量发展的原则和要求，充分利用本轮稻谷最低收购价调整的条件，加快稻谷市场化改革步伐。具体地，一是相关部门应密切关注最低收购价下调的结构调整效应及其差异，采取有力措施促进农地规模经营，千方百计降低水稻生产成本，否则一旦市场价逼近或者低于水稻平均综合成本时，长期累积的产量风险会瞬间释放，有可能出现大面积的土地抛荒和水稻产量骤减。二是逐步下调稻谷最低收购价。在借鉴玉米改革经验的基础上，加快调整稻谷最低收购价政策，用碎步下调方式，逐步调低最低收购价并与国际市场接轨，直至最后取消最低收购价政策，从而彻底消除托市政策扭曲，充分理顺价格形成机制，为后续改革奠定基础。三是完善水稻生产者补贴政策，加强对高品质稻谷生产的补贴力度，要综合考虑不同区域间的经济发展水平、土地流转价格、农民收入等因素，保障种粮农民收益。原来实行最低收购价政策的财政投入，转向用于加大对新型经营主体贷款贴息、融资担保等扶持。全面实施水稻价补分离政策，构筑补贴、保险与贷款"三位一体"的生产支持体系。

（二）各国（地区）收储政策调整路径呈现多元特征，分化主要取决于各国粮食供求、粮食分配制度、社会风险程度等

收储政策是世界各国家和地区稳定市场和保证粮食安全的普遍做法。通过梳理美国、欧盟、日本和印度四个主要国家（地区）的收储政策可以发现，各国收储政策分化为"铺底"和"稳压"两类。尽管四个国家（地区）当前的收储政策存在差异，但演进路径非常相似。这进一步说明，从静态视角横向比较各国（地区）收储政策的价值比较有限，孤立静态的分析可能产生有误导性的结论。分析纵向演化路径更有可能发现有价值的规律性特征，也便于识别出各国收储演进产生差异的诱因。从各国（地区）收储政策梳理可以看出，收储政策往往不是单一政策，通常是多个政策的集合。而且，至少分为"收购"和"储备"两个重要部分。从政策目标来看，粮食"收购"政策很大程度上是一种粮食生产支持政策，施策的目标和功能定位是利用政府干预性收购保护生产者，美国的营销援助贷款、欧盟的干预收购、印度的最低支持价格都属于这个范畴。粮食"储备"政策是一种安全战略，储备目的是调供给、稳市场、保安全，更多地是保障全体消费者、维护社会稳定及国家安全。从具体操作来看，粮食生产支持政策的实现需要以一定库容作为配套，粮食安全战略政策也离不开政府公开市场购买环节。从各国经验上来看，粮食收购与储备环节的市场主体均高度重叠，即储备主体同时是市场收购主体，运行机制上也表现出收购和储备必须相互配合而不能独立存在。总的来看，政府收购和储备既在政策目标和职能上相互独立，又在实际运行中相互关联交织，这一特征使得收储政策的制定具有较高的复杂性。

把握住收储政策中生产支持和安全战略两个核心内容，能够比较

清晰地展现收储政策的演变逻辑。上述国家（地区）收储政策演变是收储两大核心部分的演变过程，不仅包括两者的相对变化，也包括某一部分的内部变化。国家自身农业资源禀赋、市场条件、国内外经济环境等是促成这些变化的主要原因。生产支持部分对稳定粮食生产、保护农民收益至关重要，是众多国家（地区）促进农业发展的必经之路。但因为容易扭曲市场，干预性收储往往带来较大的财政负担，且普遍被多边贸易规则限制。美国、欧盟和日本的价格支持政策、干预性收购政策均在不堪重负的时候，开始寻找新的支持措施。在这种情况下，以收储为主要方式的生产支持措施开始弱化，逐渐让位于信贷、保险等"绿箱""蓝箱"支持政策。安全战略部分主要用于应对自然灾害、战争等突发事件，并不是所有政府都建立国家战略储备。建立与否主要取决于国家本身的粮食供求状况、粮食生产能力、国际市场的话语权和控制力、历史传统等。过去以干预性收储为特征的支持政策往往伴随有大量的政府储备，这在政策操作上有一定便利性，政府可以将其用作安全战略目的。实际上，一些国家的收储制度在早期共同承担了生产支持和安全战略两大目标，机构上也高度重合。但伴随收储的生产支持功能逐渐弱化，形成干预性收储的机制逐渐消失。一些资源约束偏紧、低收入人群占比大的国家开始单独设立战略储备，此时收储中安全战略的部分得到进一步强化。

以美国、欧盟为代表的国家（地区）农业生产率高，人口密度小，粮食供求长期宽松，甚至开启粮食"能源化"进程。这些国家的调整路径是以私人储备取代政府储备的缓冲作用，并将支持功能收缩在托底范围内。以日本、印度为代表的国家人口密度大，人均农业资源比较紧张，自然灾害等冲击较为频繁，供求趋紧的风险较大。这些国家以各种形式强化政府应急储备，同时通过压缩范围、公司合营等方式缓解其干预功能的负面影响。中国的粮食收储政策也兼具生产支持和安全战略的两重性。以最低收购价政策为代表的政策性收购具有干预性收储的特征，本质是粮食生产支持措施。此外，中国历来有存粮备战备荒的传统，政府持有的战略储备具有安全战略特征。两类储备的运行机制高度重合，基本上依托以中央储备粮总公司为核心的垂直管理体系。国家战略储备长期存在，最低收购价政策则是在 2004年以后才提出并执行。最低收购价政策设立之初，对收购范围、收购时间、收购条件有明确限制，具有明显的临时干预特征。随着政府刺激粮食生产能力提升、粮食供需情况改善，本应当及时调整干预收购的定位和范围。但产量持续增加的乐观情绪和对国内外环境变化的延迟反应，掩盖了干预性收储存在的问题。随着托市范围泛化，收储政策的分工和定位更加模糊，政策性粮食收储不断挤压市场调控空间。战略储备本身因为存在规模过大、轮换机制不健全的问题也一直备受争议。2013 年国内外价格倒挂将收储政策的问题显性化，近年来多边贸易争端、国内市场矛盾终将收储政策推到改革关口。

中国收储政策调整路径与世界主要国家（地区）收储政策主导期、阵痛期、调整期的总体演变路径基本一致。但中国人均农业资源比较匮乏，农业生产的资源环境约束不断增加。国内经济社会发展正处在深化改革、转型升级的新阶段，国际则面临逆全球化、贸易保护主义、民粹主义等新的不确定性。种种约束条件要求稳住粮食安全的根基。借鉴国外收储政策调整的历史经验，能为完善中国粮食收储政策提供启示。

第一，收缩支持功能，坚持托底本位。首先，对最低收购价这样承担生产支持功能的干预性收储政策，应限制收储范围，减少市场干预。在极端条件下，要保证政府有托底干预手段，以免过度打击生产积极性。参照这个标准，应当逐步降低最低收购价水平，依托市场监测信息，将托市价格定在市场平均价格甚至以下的水平。其次，可考虑限定收购范围，2019 年公布的《关于完善小麦最低收购价有关政策的通知》明确 2020 年小麦最低收购价限定收购总量为 3 700 万吨。再次，可考虑从现在的托市收购八个省份进一步细化到县，重点支持粮食生产大县。最后，还应进一步优化托底方式，借鉴美国营销援助贷款的设计思路，以信贷等市场化方案增强支持政策灵活性。试点开展面积订购、生产者竞标的收储方式，减少托市收储对市场价格形成的影响。

第二，发展合作收储，降成本保调控。欧美等国家和地区取消政府干预收储、依靠私人储备调控市场是在粮食长期过剩情况下实现的。中国粮食供需长期处于紧平衡状态，不应照搬发达国家做法。中国要确保政府对社会总体储备有一定控制力，以便在市场波动时发挥调控能力。可以立足国情的基础上，收缩干预性收储的范围，鼓励发展民间储备，开展政府和民间合作储备。支持农户储备，尤其是有条件的种粮大户储备，不仅可满足规模户存储和平稳销售的需要，提高其风险应对能力，而且有助于减轻政府负担。支持加工企业开展动态储备，在市场价格下跌时通过贷款扶持、利息补贴刺激其开展粮食收购业务。

第三，优化战略储备，国家全责担当。在国内经济转型升级和国际环境压力较大的背景下，战略储备的"压舱石"作用更加凸显。对这一部分储备，必须由国家全权负责。在"绿箱政策"中，明确了发展中国家可以持有一定的粮食安全公共储备（public stockholding for food security purposes）。利用WTO对发展中国家粮食安全公共储备的区别待遇，进一步强化国家战略安全储备。要理清国家、省、市、县各级战略储备权责，合理确定各级储备规模，避免重复储备。强化对地方战略储备的支持，针对全国几大重点粮食消费区、改革发展关键地区强化战略储备配套。加强粮食流通保障能力建设，确保战略储备具有较高的应急保障能力。

第四，设定合理规模，提高储备质量。日本和印度对战略储备规模有明确标准，中国的战略储备规模标准则一直不够明晰。中央1号文件、中央深化改革委员会、《中国的粮食安全》白皮书等多次提出要科学确定粮食储备功能和规模，但尚未形成共识，相关政策研究和学术研究也比较缺乏。应当借鉴国内外研究经验和政策实践，结合中国粮食生产和消费实际情况、国际粮食市场供应能力，尽快确定战略储备的合理规模，将粮食储备保持在合理区间内。除此之外，应当顺应消费升级需求和高质量发展需要，优化战略储备质量，增加高品质主粮的储备数量。

（三）政策市导向下，国内粮食库存和价格变动缺乏良性互动

基于国家粮食局的全国粮食供需平衡调查资料、Wind 中国金融数据库、粮农组织农产品市场信息系统（FAO Agricultural Market Information System，FAO‐AMIS)、美国农业部产量供给分配数据库（USDA Production，Supply and Distribution，USDA‐PSD）的库存数据和中国布瑞克农业数据库的价格数据，分析粮食库存规模与价格波动关系，发现稻谷平均库存率为 62.0%，小麦为 74.2%，玉米为 72.3%。在政策作用主导下，国内粮食库存水平和价格变动没有完全遵循常规的负相关关系。尤其过去受最低收购价和临时收储价格不断提高的影响，粮食市场的政策力量非常明显。在市场扭曲增大和国内外价格倒挂的双重作用下，有些时候甚至出现价格波动与储备率"同升同降"的情况。从全球看，FAO 规定的 17%～18% 的储备率无法满足稳定全球市场的需要。FAO‐AMIS 数据显示近 4 年来三大主粮储备率维持在相对较高水平，稻谷储备率在 25%～26%，小麦储备水平在 25%～27.5%，玉米储备水平在 23%～25%。

三、新形势下重构粮食支持体系

当前改革措施深入推进，粮食收储制度面临的"高库存"等棘手问题即将在很大程度缓解。但制度本身的深层固化问题，以及伴随改革产生的新风险，在短期问题解决后会进一步暴露出来，需要深化收储制度的市场化转型。具体而言，要坚持战略上重视保障粮食安全，抓住粮食生产主动权不放松，稳步推进粮食支持政策调整，理顺国家储备体系机制与结构，构筑补贴、保险与信贷"三位一体"的联动机制、重塑新型粮食支持政策体系。

（一）牢牢抓住粮食生产主动权不放松

"要牢记历史，在吃饭问题上不能得健忘症，不能好了伤疤忘了

疼",这是 2013 年中央农村工作会议上习近平总书记的谆谆告诫。习近平总书记高度重视粮食问题,提出粮食生产的主动权要牢牢抓在自己手上,抓住粮食生产主动权,就要全面贯彻落实粮食安全省长责任制,增加粮食生产的稳定性、可控性。在外部冲击面前,必须坚定不移地筑牢"中国饭碗"的底座,切实把习近平总书记重要指示精神落到实处。

(二)稳步推进粮食支持政策调整

应密切关注最低收购价下调的结构调整效应及其差异,采取有力措施促进农地规模经营,千方百计降低水稻生产成本,防止大面积的土地抛荒和产量骤减。在借鉴玉米改革经验的基础上,加快调整稻谷最低收购价政策,用碎步下调方式,逐步调低最低收购价并与国际市场接轨,直至最后取消最低收购价政策,逐渐消除托市政策扭曲,充分理顺价格形成机制。完善水稻生产者补贴政策,加强对高品质稻谷生产的补贴力度,要综合考虑不同区域间的经济发展水平、土地流转价格、农民收入等因素,保障种粮农民收益。

(三)理顺国家储备体系机制与结构

限制最低收购价政策的收储范围,减少市场干预。优化战略储备,强化对地方战略储备的支持,针对全国几大重点粮食消费区、改革发展关键地区强化战略储备配套。支持加工企业开展动态储备,在市场价格下跌时通过贷款扶持、利息补贴刺激其开展粮食收购。结合我国粮食生产和消费实际情况、国际粮食市场供应能力,尽快确定战略储备的合理规模,将粮食储备保持在合理区间内。顺应消费升级需求和高质量发展需要,增加高品质主粮储备规模。

(四)构筑补贴、保险与贷款的联动机制

从保费补贴着手,使补贴隐性化,确保补贴与直接生产者挂钩。调整保费补贴分摊办法,进一步提高产粮大县保费补贴标准,取消主

产区市县政府配套保费补贴。在完善粮食作物完全成本保险和收入保险试点基础上，持续深入推进种粮保险"扩面、提标、增品"，做到应保尽保。利用现有已从补贴中提取的部分作为贷款风险保证金，推广"银行＋保险＋风险保证金"模式，加大对新型经营主体贷款贴息、融资担保等扶持政策。

（五）重塑新型粮食支持政策体系

采用基期产量或者面积值，作为提供补贴标准，促使黄箱政策"蓝色化"。以"藏粮于地"为依托，将高标准农田建设的补贴资金提高至 3 000 元/亩*，切实夯实粮田高产稳产的基础。对当前粮食生产中面临的关键重大科学难题，实施技术攻关、技术集成、转化推广等"绿色化"专项补贴。加强研究我国未来粮食支持政策及其对综合支持量的可能影响，确保与 WTO 规则对接。从顶层设计上统筹建立粮食专项发展补偿体系，着力开展中央政府向主产区转移、主销区向主产区转移的"两个转移"发展补偿机制。

---

* 亩为非法定计量单位，1 亩＝1/15 公顷。——编者注

创新乡村社会治理的宏观思维与实践对策

刘　奇

习近平总书记多次指出，当今世界正处于百年未有之大变局，中国的乡土社会正在发生剧烈的变化，深入分析乡土社会变迁的内涵和发展趋势，对于创新乡村社会治理，促进乡村社会良性运行和协调发展，具有重要而深远的理论和现实意义。

一、在裂变中重塑中国乡土社会秩序

中国农村改革 40 年以来，随着以农养政的结束，城乡二元制度在人口流动和迁徙的冲击下逐步瓦解，"凝固的土"和"封闭的乡"被打破，社会主体由稳定性向流动性转变，社会生活由同质性向异质性转变，社会关系由熟悉性向陌生性转变，社会空间由地域性向公共性转变，社会结构由紧密型向松散型转变，社会细胞由完整性向破裂性转变，社会文化由前喻性向后喻性转变，社会价值由一元性向多元性转变，社会行为由规范性向失范性转变，社会治理由威权性向碎片性转变，这些变化，增加了社会治理的难度，给乡村社会良性运行和协调发展提出了新挑战。

中国是农业大国，中国的根基在乡村，只要人类还需要吃饭，就会有农业；只要农业存在，就会有农民；只要有农民，就会构成彼此

注：本文系《百年未有之大变局下我国乡村治理与乡村秩序研究》课题研究成果节选，课题主持人：刘奇，单位：国务院参事室，课题参与人：吴天龙、马玲、梁腾坚、胡振通、鄢达昆、朱的娥、张行宇。课题组承诺本成果严格遵守了相关学术研究道德规范。

相连的乡土社会。不论时代的大潮多么汹涌澎湃,但是以"乡"为基点的活动空间不会变,以"土"为基础的生存依托不会变。因此,需要处理好"变"与"不变"的关系,该变的力促其变,不该变的执意坚守,方能以"不变"应"万变"。对于中国这样一个人口大国、农民大国、农业大国、农村大国而言,三农是重中之重的价值取向不能变,遵循自然生态规律的路径不能变,公序良俗的遵守不能变,传统文明的弘扬不能变。对于乡土文明,既要去其糟粕,又要取其精华,开发传统,服务现代。

二、创新乡村社会治理的宏观思维

思路决定出路,格局决定结局,创新乡村社会治理的宏观思维尤其重要,对乡村社会发展具有导向性效应。

一是实施城乡融合的一元化方略。当前,我们越来越重视生态文明建设,城与乡的关系正在发生着巨大变化,已经不能按城与乡两套体制的传统观念去设计制度、制定政策。在生态文明背景下,城与乡在生态治理上是源与流的关系,建设重点在乡村,难点却在城市,城市文明作为工业文明的伴生物正在被新的更高层级的生态文明所取代。城市功能正在被高度发达的交通、通信及互联网分流,城市疾病正在被"小桥、流水、人家"的乡村疏解,城市边界正在被新的发展理念模糊,城市思维正在被城乡共荣的新型空间生态所颠覆。在生态文明阶段,城与乡没有高低贵贱之分。城市优先的思想观念、思维方式必须彻底改变,一切政策的出台、制度的供给、资源的配置都应以生态文明为标尺,城乡的建设和发展需要一体谋划、一体布局、一体实施、融合发展。

二是构建政府、市场、社会三位一体的治理格局。下大功夫解决当下乡村社会治理总体上呈现出政府力量过于强大、市场快速发展但还不健全、社会发育不足的格局,着力调整治理结构,该给市场的给市场,该给社会的给社会,让政府、市场、社会各司其职,互相配合,彼此监督。社会良性运行和协调发展需要政府、市场、社会三大主体的分工协作、功能互补，政府治理为市场治理和社会治理提供正式制度保障，创造良好的治理环境。市场治理为政府治理和社会治理提供了经济基础。而社会治理作为一股强大的社会力量参与到治理过程中，监督市场和公共权力的运行。通过多元治理主体的协商与合作，各治理主体在互信和互惠的基础上，实现对社会公共事务的治理，从而形成乡村社会自治、法治、德治相结合的善治体系。那种政府包打天下的行为必须克服，让农民在乡村振兴中唱主角的意识必须确立。

三是健全党组织领导的自治、法治、德治相结合的基层治理体系。自治旨在通过农民自我修养的培养进行"自我管理、自我服务、自我教育、自我监督"，实现农民个体由治理"对象"走向治理"主体"的全面自由发展的自我治理过程。法治是指通过制度安排和规则程序，凭借一套具有普遍性、可预见性等理性化标准的正式规则来规范人们的行为区间。德治重在依靠社会舆论、风俗习惯、内心信念等正面引导人们的价值取向和发展方向。"三治结合"体系作为一套由内向外、刚柔并举、知行合一的治理理念系统，重在规则治理，贵在价值引领，本质上是通过正式规则和非正式规则两大部分来规范什么是应当做的、什么是不可以做的，从而形成多规则协同治理的"善治"系统。培育出一个生活富裕美、社会和谐美、生态环境美、人的心灵美"四美兼备"的社会生态，真正实现乡村治理体系和治理能力的现代化。

四是坚持和完善民生保障制度。我国社会主要矛盾已经转化为人民日益增长的美好生活需要和不平衡不充分的发展之间的矛盾，尤其在脱贫攻坚已进入尾声，全面小康决胜在即的紧要关头，当务之急在于筑牢民生底线，健全民生保障制度，统筹城与乡，完善"十六有"，即寒有所衣、饥有所食、住有所居、行有所乘、学有所教、病有所医、老有所养、幼有所育、业有所就、劳有所得、产有所链接、弱有所扶、困有所帮、乐有所享、险有所保、心有所安，为乡村有效治理奠定坚实的社会基础。

三、新时期乡村治理的实践对策

剧烈而深刻的时代变局，为重塑乡村秩序、创新乡村治理提出了全新的命题，需要在实践中不断探索，在前行中迎接挑战。

（一）重塑乡村基层组织，打造轻装实用的治理体系

一是为乡村基层组织卸载，减轻基层干部的过度负担。乡村俚语云：过去是"上面千条线，下面一根针"，现在是"上面千把锤，下面一根钉，锤锤冒火星，砸歪就拔钉"。应下大功夫为基层干部减轻不必要的负担和无限责任的巨大压力。二是基层治理单位应从行政村下沉到村民小组，坐实村民小组的职能。乡村熟人社会一般以 100～200 人为限，同时，土地承包的集体经济组织绝大多数以村民小组（即原生产队）为单位，他们才是真正地利益共同体。治理职能蓬架在行政村一级，动辄几千人，互相不熟悉，也不是真正地利益共同体。治理效果可能会出现利国难利家，承上难启下，为公难为私。三是从顶层设计上进一步明确农民参与乡村治理的责任和义务，重塑他们的治理责任伦理和主体意识，让他们不做旁观者。四是每乡镇办一所开放式农民学校，帮助农民提高参与能力和参与积极性。农村信息的传递过去靠开会，现在靠网络，但全国尚有约五亿人不上网，这个群体主要集中在乡村。应在农业农村部设立农民教育局，在中国教育学会下设农民教育促进会，省、市、县比照设立，齐抓共管，把乡镇农民学校办好。

（二）把社办到村上，让供销合作社成为深化农村改革的主力军

我国农村集体经济组织有两大体系，一是横向块状的社区型组织；二是纵向条状的层级型组织，即供销合作社。世界上组织农民有两条成功道路，一是西方大农的专业合作，中国是小农户，专业合作不划算；二是东亚小农的综合合作，这在政策上尚有障碍。中国小农的合作只能发挥制度优势，走政府市场社会三位一体的第三条道路。供销

合作社正具有不是政府的政府，不是市场的市场，不是社会的社会三重功能。让其伸腿到村，与村级组织合作，与各类新型经营主体合作，全面发展小农户入社，以其庞大的国内外市场网络，成熟的经营人才队伍，雄厚的资本运作力量，把乡村级集体经济和小农户带入现代化是完全可能的。安徽、山东、甘肃、贵州等地的一些基础社已经做了卓有成效的探索，应从顶层设计层面予以总结、提炼、完善、推广。

（三）推进三农领域的各项放管服改革

一是明确和完善土地经营权的物权地位。根据我国财产法律制度的物债二分理论，非物权即债权，《物权法》将土地经营权明确界定为用益物权，但《土地承包法》则对承包经营权的流转采取的多是债权保护方式，"二律背反"给农地"三权分置"带来权利边界不清，应在法理上进一步完善。二是尽快出台《农业保险法》，我国《农业保险条例》未对涉农保险业务开展中的权利义务关系及法律责任作出规定，导致业务开展较难，一些政策性文件又缺乏法律约束力、内容零乱、主体混乱。因此应尽快出台《农业保险法》，为农业发展系上安全带。三是出台相关法律条款，为民间金融创设制度空间，不能一味以"非法"定性。

（四）建立健全社会信用体系

美国有 17 部关于信用的法律，我国仅有 2016 年国办发的一个指导意见。在社会尤其乡村失信率越来越高的背景下，应尽快出台信用方面的法律，利用亿万双眼睛监督失信者。

（五）让各方力量充分涌流，助力乡村治理

以全新的理念、独特的视角、切实的举措充分发掘热心乡建的力量、衣锦还乡的力量、留住乡愁的力量、自我组织的力量、下乡追梦的力量、精神激励的力量和公益组织的力量，为他们留足制度空间，让每股参与乡村治理的力量都有用武之地，是各级决策者的使命和职责。

中国特色乡村产业发展问题研究

张红宇

产业发展是乡村振兴战略最基本的任务，是解决乡村一切问题的前提。特别是改革开放以来，得益于国民经济健康可持续发展，农村改革的持续推进、市场开放程度的不断提高以及农业科技的创新发展，中国乡村产业取得了长足进步，成为推动农业农村现代化的重要基础。当前，在促进城乡融合发展和实施乡村振兴战略的宏观背景下，乡村产业发展面临机遇和挑战，做好中国特色乡村产业这篇大文章具有十分重要的现实意义。

一、问题的提出

以新中国成立为起点，中国乡村产业随经济社会发展阶段外部环境和农业内生动力变量影响而不断推进。第一阶段，新中国成立以后的农业 1.0 版，农业发展以粮为纲，以解决吃饭问题为核心，乡村探索发展社队企业；第二阶段，改革开放后的农业 2.0 版，农业生产力充分释放，吃饭问题得到解决，农村要素市场开始活跃，以乡镇企业发展为标志的乡村产业快速发展；第三阶段，进入 21 世纪后的农业 3.0 版，城乡要素交换市场开始形成，农业发展的业态越来越丰富，农业产业化推动乡村产业走向多元，农业产业向乡村产业拓展伸延，

注：本文系《中国特色乡村产业发展问题研究》课题研究成果节选，课题主持人：张红宇，单位：清华大学中国农村研究院，课题参与人：胡振通、于海龙、张晓恒、胡凌啸。课题组承诺本成果严格遵守了相关学术研究道德规范。

乡村主导产业的更替，表现出明显的时代特征。今天，中国正在迎来农业 4.0 版，互联互通、共享共生、绿色安全等成为农业发展的主要特征，乡村产业发展也迎来新的历史契机。

从国内看，随着经济社会的发展，中国正在逐步迈入高收入国家门槛，人民日益增长的美好生活需要对乡村产业提出新要求。首先，农业分工分业趋向明显，农业产业分类进一步细化，总体趋势是从注重数量向聚焦质量转型升级。其次，农业功能不断被激活、拓展和释放，生态保护、文化传承等非物质功能得以凸显，"互联网＋"等科技元素赋予农业新的功能，衍生出新产业新业态。再次，农业与其他产业的融合更加紧密，表现出农工结合、农贸结合、农商结合、农旅结合等特点。从国际看，全球农业一体化趋势不会改变，市场开放程度提高促使各国农业竞争加剧，资源禀赋优越的国家致力于发展资源性农业，强调资源性农产品的全球竞争力；资源禀赋多元的国家更注重农业产业和业态的多样化发展，形成错位竞争态势。

顺应国内经济社会阶段性变化要求，应对全球农业竞争格局，衔接乡村振兴战略，中国现代农业发展从纵横两个方面越来越拓展为乡村产业发展的基本态势，在构建现代农业产业体系、经营体系和生产体系三大体系的同时，要求突出延长农业产业链、保障农业供给链、提升农业价值链、完善农业利益链、拓展农业生态链五大链条，以乡村产业理念的丰富完善，塑造现代农业 4.0 版，构成了本研究的立意本源。

二、发展中国特色乡村产业的重要意义

发展乡村产业，即是为乡村振兴奠定"产业兴旺"的基础。立足国内，发展乡村产业是农业高质量发展、农民就业增收、农村可持续发展的现实需要；瞄准国际，发展乡村产业是顺应全球农业一体化提升我国农业国际竞争力的迫切需要。

（一）发展乡村产业是实现农业高质量发展的需要

2019 年全国粮食总产量 66 384 万吨，比 2018 年增加 594 万吨，增长 0.9％，在实现十六连丰的同时，创历史最高水平。主要粮食品种单产均有不同程度提高，其中稻谷单产 471 公斤/亩，比上年增加 2.2 公斤，增长 0.5％；小麦单产 375 公斤/亩，比上年增加 14.3 公斤，增长 3.9％；玉米单产 421 公斤/亩，比上年增加 14.1 公斤，增长 3.5％；大豆单产 129 公斤/亩，比上年增加 2.7 公斤，增长 2.2％。尽管粮食连年丰产为农业高质量发展提供了良好基础，但我国农业依然面临劳动生产效率低、生产成本不断攀升、生产对环境不友好、结构性矛盾突出、先进技术利用不足等问题。具体表现为第一产业的劳动力生产率远低于非农产业，仅仅是第二产业的五分之一，第三产业的四分之一；农业劳动力成本和农业生产资料价格快速提高，土地租金显著上涨；国内农产品的总量基本得到保障，但结构并不平衡，数量较为充足，但质量上未能满足居民需要，与居民消费升级的发展阶段不相适应。如何用有限的土地、有限的水资源、价格越来越高的劳动力生产出更优质的农产品，是我国农业高质量发展必须解决的问题，而农业高质量发展的落脚点就是乡村产业。发展乡村产业是农业高质量发展的需要体现在三个方面：一是夯实产业基础的需要，发展乡村产业要服务于我国粮食安全的战略目标，需以"藏粮于技""藏粮于地"的理念保障粮食供给充足。二是促进农业转型升级的需要，需在乡村产业发展过程中促进农业生产方式转变，推广使用先进的农业技术。三是优化产业结构调整的需要，要谋划乡村产业类型布局，与农业农村发展的内外环境变化相协调，与经济社会发展阶段和居民消费需求相适应。

（二）发展乡村产业是保障农民就业增收的需要

2019 年，农村居民人均可支配收入 16 021 元，较 2018 年增长 9.6％，扣除价格因素，实际增长 6.2％。尽管农民收入的增长速度高于城镇居民人均可支配收入增速，但是城乡居民人均可支配收入比仍高达 2.64：1，收入差距的绝对值是 26 338 元，较 2018 年增加 1 704 元，增幅接近 7%，超过农民收入增幅。城乡收入差距拉大的问题成为我国经济发展不平衡的主要表现，只有拓宽农民就业渠道、加快农民收入增速，才能缩小城乡收入差距，提升农民的幸福感和获得感。从农民收入构成看，工资性收入、经营净收入、财产性收入、转移性收入的占比分别约为 41.1%、36%、2.3%、20.6%。工资性收入和经营性收入是农民收入中最主要的组成部分，发展乡村产业在创造更多就业机会，特别是在提高农民工资性收入和经营性收入方面大有可为。习近平总书记曾指出，产业是发展的根基，产业兴旺，乡亲们收入才能稳定增长。要坚持因地制宜、因村施策，宜种则种、宜养则养、宜林则林，把产业发展落到促进农民增收上来。发展乡村产业所萌生的新产业新业态，如乡村旅游、休闲康养、电子商务等，对农民充分就业、分享效益、就近提高收入大有裨益。尤其是在当下国内外遭遇新冠肺炎疫情的冲击之下，大量农民进城务工受阻，收入取得的渠道缩窄，收入结构调整的空间有限，收入增长的压力陡增，发展乡村产业在"稳就业"和"保增收"方面具有特殊意义，是我国决战决胜脱贫攻坚战和全面建成小康社会的重要保障。

（三）发展乡村产业是促进农村可持续发展的需要

因乡村产业基础薄弱而导致农村发展难以持续是当前乡村社会一系列深层次矛盾的根本原因。乡村产业吸纳就业空间有限，大量农村劳动力外流，2019 年我国农民工总量达到 29 077 万人，其中外出农民工 17 425 万人，占比接近 60%，导致农村空心化、"三留守"问题突出；农业比较效益偏低，农村二三产业规模小、层次低，导致许多地方过度开发农业资源，大量排放工业污染，农村生态环境破坏日益严重；众多村集体收入很少甚至资不抵债，难以为村民提供必要的公共服务，导致村民参与村庄管理的热情不高，村两委凝聚力号召力下降。以上问题都反映了我国不少农村所面临的可持续发展难题，解决这些问题，根本途径是厚植乡村产业根基，利用经济发展带动人员回流、资源保护、服务改善，实现农村可持续发展。应加快发展中国特色乡村产业，推动乡村产业集群集聚、提档升级，吸引更多人才和其他要素流向农村，使农村社会重现生机活力。借助产业发展带来的经济实力增强，推动完善农村公共服务，加强生态环境保护，理顺乡村治理机制，进一步夯实党在农村的执政基础，从根本上解决农村发展难以持续的问题。

（四）发展乡村产业是提升农业国际竞争力的需要

从世界农业发展趋势看，国家间农业贸易竞争日趋激烈，国内农业面临的冲击将不断加剧。农业生产的自然属性使得农业竞争力在很大程度上依赖于国内自然资源禀赋，这也是各国提高农业竞争力必须要面临的客观条件。欧美地区自然资源条件优越，人少地多，其大农场为主的农业经营体系具有天然的竞争优势。然而，并非所有国家都具有同样的资源禀赋。不同于欧美，人多地少、以小农经济为主的东亚地区想要提高农业竞争力，面临着更加严峻的挑战。我国人口数量众多，农业资源禀赋先天不足，更加凸现了我国农业小规模生产经营的基本特征，农业承担的生计成本很高，严重削弱了基础竞争力。目前我国每公顷土地需要养活的农业人口约为 5 人，按照 2016 年农民人均可支配收入 1.2 万元计算，负担的农民生计成本约为 6 万元，而美国每公顷土地需要养活的农业人口仅为 0.014 人，负担的农民生计成本约为 5 000 元。高昂的生计成本最终转化成农业生产成本，造成土地租金和劳动力成本居高不下，资源性农产品国内外价差持续拉大。但是资源禀赋的劣势决不意味着要放弃对农业竞争力的追求，也不意味着无路可寻。恰恰相反，对于人多地少的国家，面对更为迫切的农业发展需求，提高农业竞争力需要另辟蹊径。破解这个难题，必须调整农业发展理念，构筑农业核心竞争力，要充分意识到农业竞争力不仅仅是农产品的竞争力，更是整个乡村产业的竞争力。在农业资源禀赋不足的条件下，提升我国农业核心竞争力，要在乡村产业发展方面下大功夫，必须突出中国特色，发挥精耕细作的生产优势，在劳动密集、技术密集乃至资本密集的农业产业拓展方面作大文章。充分发挥互联网科技带动、种质资源丰富等科技优势，瞄准农业农村富含生态、文化资源等市场优势，深度挖掘农业的附加价值和农村的多元价值，找准未来重点发展方向，在核心产业、关键领域形成强大的全球竞争力；必须突出乡村产业整合，形成紧密的利益联结机制和有机衔接的分工安排，分工分业，优化要素组合方式，利用组织资源和体制机制创新，利用聚合的力量来弥补个体能力的不足。发展中国特色乡村产业，将有力推动我国建设成为世界农业强国，在全球范围内塑造中国强势农业形象。

三、中国乡村产业的发展阶段和丰富内涵

新中国成立以来，中国乡村产业在制度变迁、政策调整、市场发育等多种因素的共同作用下不断演变升级，经历了从现代农业 1.0 版向现代农业 4.0 版的跨越发展。在一系列变化过程中，中国特色乡村产业的内涵外延不断丰富，激活了农业多功能性，融合了产业业态，拓展了发展路径。

（一）乡村产业发展的四个阶段

第一个阶段，1949—1978 年：农业 1.0 版。这个阶段是从传统农业到现代农业的起步阶段，最主要的特征是全党抓粮食生产。尽管没有彻底解决好粮食问题，但是为农业的下一步发展奠定了良好的产业基础。

第二个阶段，1978—2003 年：现代农业 2.0 版。现代农业有了全面的发展，主要特征表现在解决了粮食安全问题以后，农林牧渔方方面面的产业都有了历史性进步，在解决了温饱的基础上又解决了吃好的问题。与此同时，人民公社时期产生的社队企业发展到了第二个阶段——乡镇企业，使现代农业从乡村产业这个角度来讲出现了萌芽起步状态。

第三个阶段，2003—2017 年：现代农业 3.0 版。这个阶段的基本特征是农林牧渔传统产业在继续丰富发展，新产业新业态在不断成长发育。农业发展到今天，既要解决吃饱问题，又要解决吃好问题，更要满足城乡居民对农业的多元需求，顺应这种形势，农业多功能在逐步释放，观光旅游休闲产业、"互联网＋农业"、农产品加工业、农业生产性服务业等新产业、新业态发展呈方兴未艾之势。观光旅游休闲产业 2018 年产业增加值达到 8 000 亿人民币，相当于 2018 年农业增加值 6.47 万亿的 12％，解决了 800 万农村劳动力的就业问题。四川省成都市 2019 年休闲农业增加值 489 亿元，相当于同期成都市农业增加值 612 亿元的 70％。"互联网＋农业"近十年迅速发展，据商务部统计，2018 年"互联网＋农业"在农村实现商品零售额达到 1.37 万亿，相当于同期 6.47 万亿农业增加值的 21％，农产品通过线上交易，实现了 3 000 亿的销售额，解决了 2 800 万农村劳动力的就业问题，从事农村电商的经营主体达到 1 200 万家。作为传统产业，农产品加工业迎来蓬勃发展阶段，2018 年农产品加工企业主营收入达到 14.9 万亿元，从事农产品加工业的企业已经达到了 7.9 万家，这个产业在解决中央提出的"农头工尾、粮头食尾"问题方面发挥了巨大的引领作用。2018 年农产品加工业和农业增加值的比是 2.4∶1，农产品加工业的增加值远远超过了农业增加值，虽然相对于世界特别是发达国家 4∶1 的比例，中国还有很长的路要走，但是从新产业的发展态势来讲，前途远大。农业生产性服务业发展迅猛，最近两年托管半托管、从田间到餐桌的农业生产性服务业呈现蓬勃发展的态势，据农业农村部统计显示，2018 年该产业实现增加值达到 2 000 亿，以综合系数计算的托管半托管面积已经达到 3.64 亿亩，比 2017 年足足增加了 50％。全国各类生产性服务组织达到 37 万家，为全国 4 600 多万农户提供了不同类型的生产性服务，从而注定了农业生产性服务业发展是极具中国特色的现代化农业发展的重要路径和方向。

第四个阶段，2017 年至今：现代农业发展的 4.0 版。2017 年中央提出了乡村振兴战略，这个阶段的主要特征是现代农业有了乡村产业的全方位展示。第一，从产业业态来讲，各种业态在不断融合发展，具体表现为农工结合、农贸结合、农文结合、农旅结合等。第二，从农业功能来看，农业功能由单一的物质产出功能向非物质功能拓展，具体包括观光休闲、生态康养、文化传承等。第三，从实现路径来看，"互联网＋农业"、智慧农业等在很大程度上改变了我们对传统农业的认知，开启了现代农业发展的新路径。第四，从政策组合方式来看，过去是财政、金融保险等所有的政策全部聚焦农产品物质产出，现在是相关政策有不同的定位，不同的定位聚焦不同的产业业态，各类政策组合方式支撑了各种新产业的健康可持续发展。

（二）中国特色乡村产业的丰富内涵

中国特色乡村产业可以理解为立足我国基本国情农情，特别是农业资源禀赋条件以及发挥农业比较优势，以促进农业产业发展、维护生态环境、传承农耕文明、实现乡村功能的产业化为目标，以拓展农业产业边界，促进农村一二三产业融合为联结纽带，以农村新产业新业态为重要组成，形成分工明确、紧密衔接、运行高效的多元化产业形态和多功能产业体系，具有构成多样性、内容综合性、要素整体性三大特性。中国特色乡村产业具有丰富的内涵。

第一，中国特色乡村产业蕴含几个重大统筹。一是统筹乡村产业和国民经济协调发展，处理好乡村产业发展与工业化、城镇化带来的分工分业以及保障农产品充分供给的平衡关系。二是统筹产业发展和生态保护，乡村产业振兴建立在生态良性循环基础上，以维护良好的生态环境和生态循环为底线，实现可持续发展。三是统筹新技术、新产业、新业态、新动能促成的乡村产业发展新格局。

第二，中国特色乡村产业内含几个重点任务。一是要保障农产品供给。重中之重是要保障粮食和重要农产品供给安全，同时要满足居民日益增长的多元化农产品和生态产品需求。二是要坚持绿色发展。大力推行绿色生产生活方式，统筹山水田林湖草系统治理，促进节能减排和低碳发展，实现农业永续发展。三是要以人民为中心。把产业发展落到促进农民增收上来，全力以赴消除农村绝对贫困，推动乡村生活富裕。四是要城乡融合发展。要立足城乡不同资源禀赋优势，通过产业错位布局、协同配合，整合城乡各类生产要素，实现城乡要素平等交换、融合发展。

第三，中国特色乡村产业聚焦几个突出问题。一是产业层次较低、资源利用较为粗放、对人才资金技术等要素的吸引力不强、经济效益相对低下等发展质量问题。二是产业资源要素配置不均衡、产业链条较短、产业基础设施薄弱等内生动力问题。三是因农村"空心化"而缺乏原生动力、需求导向不明确、要素均衡配置缺少有效的转让平台与合作机制、互联网与物联网衔接困难。四是产业分割条件下农业多功能性的丧失所引发的乡村衰落的问题。

第四，中国特色乡村产业涵盖发展路径选择。一是在发展道路上，要打造多元化、特色化的乡村产业融合发展格局，发挥区域特色与优势，充分释放农业的产品产出功能，壮大新产业新业态的规模与形态。要以农业不断优化升级、三产深度融合为现实路径，突出地域特色，形成优势品牌，挖掘新时代农业的社会功能，发展乡村新型业态，打造乡村产业融合发展新模式。同时，要分区域发挥农业的不同功能和作用，乡村产业发展路径的选择要因地制宜。二是在发展方式上，要通过多方合力，推进乡村产业发展，包括优化涉农企业家成长发育的环境，鼓励新型农业经营或服务主体等成为农业农村延伸产业链、保障供应链、提升价值链、完善利益链、拓展生态链的中坚力量。三是在发展机制上，要引导督促城乡之间、区域之间完善分工协作关系，科学选择推进乡村产业的重点。加强支撑乡村产业兴旺的载体和平台建设，以推进供给侧结构性改革为主线，推进农业农村产业体系、生产体系和经营体系建设。

四、乡村产业发展的国际经验与国内实践

发展乡村产业是全球各国农业在现代化进程中的共同选择，特别

是成长性国家在适应农业发展阶段性特征时需要面对的重大问题。大力发展乡村产业，促进产业结构优化升级，在全球范围内有一系列各具特色的发展路径和模式值得总结借鉴。

（一）发达国家发展乡村产业的经验做法

各国在资源禀赋、制度环境、市场条件等方面均存在显著差异，因此他们在产业选择、发展模式、绩效显现等方面各具特色。由于发达国家国民经济发展程度高，城镇化率较高，乡村产业发展较为成熟，依据其不同的资源禀赋条件和历史文化背景，可以大致归纳为以下三种模式。

一是城乡均衡发展型。这类国家城乡发展差距不大，在发展乡村产业过程中，既大力支持农业发展，也注重创造非农产业发展的优良环境，形成城乡产业一体化发展格局。加拿大就是典型的城乡均衡发展型的国家。加拿大土地资源丰富，通过制定农业风险管理、农产品价格、科技创新等一系列支持政策，着力提升农业规模化、机械化水平，2010年家庭农场户均土地经营规模达314公顷。与食品工业和贸易业紧密结合，实施产业化经营，发展外向型农业，目前一半左右的农产品用于出口。同时，实行城乡一元化管理体制，提供均等化的城乡公共服务和基础设施。由于乡村地区住房便宜、环境宜人，一度出现人口返郊化、逆城市化的现象，刺激了乡村旅游、加工业、商业等非农产业增长。乡村人口中从事农业的比例从1931年的67％下降到21世纪初的11％。在乡村产业发展过程中，为帮助落后的乡村地区发展经济，政府组织实施了《农村协作伙伴计划》，建立"农村透镜"机制，在制定政策和项目建设上全面评估对乡村居民和产业发展带来的影响，通过不断完善相关政策法律法规，促进了城乡之间的均衡发展。

二是强势产业聚焦型。这类国家立足当地资源禀赋，找准农业比较优势，做强主导产业，提升科技贡献率和农民组织化程度，形成具有全球竞争力的强势产业。荷兰就是典型的强势产业聚焦型的国家，是继美国之后全球第二农产品出口大国。荷兰立足土地资源稀缺的实际,实行"大进大出"的产业战略,大量进口粮油等土地密集型产品,优先发展高附加值、技术密集型的温室作物、园艺作物、畜牧业等产品。据统计,荷兰温室总面积约占全球温室总面积的四分之一,农产品出口总量位居世界前列,花卉占国际出口市场的70%。通过建立农业教育,科研和推广系统,提高农业生产科技含量,目前荷兰农业增长中科技进步的贡献率已超过80%。为进一步促进农村健康发展,提出建设"充满活力的农村",积极发展农民合作社和协会等自治组织,提高农民组织化程度,保障采购、信用、销售、服务、消费等各环节的标准化;重建农业结构、发展绿色产业、优化农业农村环境,为农民生产生活提供便利条件,提高农民有自愿留在农村的意愿。此外,在乡村土地利用规划中,不仅注重农业生产功能,也注重农业生物多样性以及生态环境保护。

三是产业交叉融合型。这类国家为消除城乡差距,采取政府规划引导、农民自发参与的方式,以乡村资源为中心创造附加值,促进一二三产业融合发展,形成具有特色、支撑本地经济、让农民分享增值收益的产业体系。日本、韩国就是典型的产业交叉融合型的国家。日本从21世纪五六十年代开始,针对农业生产萎缩,农村村落衰败等问题,组织实施了"造村运动",其中以"一村一品"为理念的农村产业发展运动最为典型,强调引导农村居民找到本地闪光点,开发生产具有本地特色的、令人感到自豪的产品。2000年以后,"一村一品"进一步升级为"六次产业化"运动,强调以农业为基础,以农村居民为主体,在当地发展农产品加工、流通、销售及相关服务业,形成集生产、加工、销售、餐饮和服务于一体的完整产业链,提高农业附加值,增加农村就业和农民收入。韩国面对同样问题推行了"新村运动",改善农村水、电、路、气、房等基础设施条件,鼓励当地发展种植业、畜牧业、手工业、农产品加工业、流通贩卖等,改善农村居住环境,形成主导产业,留住乡村人气,激发乡村发展活力,促进了城乡协调发展。

（二）国内发展乡村产业的实践探索

我国一些地区立足当地资源禀赋和市场需求，拓展产业空间、创新产业形态，加快农村一二三产业融合发展步伐，探索催生了形式多样的乡村产业发展模式。

一是强势农业型。发挥资源禀赋优势，强化基础设施建设，突出先进装备应用，发挥组织化程度高、规模化特征突出、产业体系健全的优势，提升粮食综合生产能力和商品粮保障能力。作为我国农业先进生产力的代表，黑龙江农垦以垦区集团化、农场企业化为主线，推动资源资产整合、产业优化升级，建设现代农业大基地、大企业、大产业。2018年12月，黑龙江北大荒农垦集团总公司正式成立，标志着黑龙江垦区从政企合一的管理体制整建制地转入集团化企业化经营管理体制。北大荒现有耕地4 448万亩、林地1 362万亩、草地507万亩、水面388万亩，下辖9个分公司、108个农（牧）场有限公司，978家国有及国有控股企业。土地资源富集，一产从业人员人均占有耕地104亩。基础设施完备，基本建成防洪、除涝、灌溉和水土保持四大水利工程体系，有效灌溉面积2 394万亩，占耕地面积的53.8%。建成生态高产标准农田2 715万亩，占耕地总面积的61%。主要农作物耕种收综合机械化水平达99.9%，拥有农用飞机100架，年航化作业能力2 328万亩。农业科技贡献率达68.2%，科技成果转化率达82%，居世界领先水平。北大荒集团粮食生产连续9年稳定在400亿斤以上，实现"十六连丰"。

二是功能拓展型。通过拓展产业功能边界，打破一二三产业之间的藩篱，实现产业融合、优势互补，以新的产业形态满足新的市场需求。四川省金堂县始终将延长产业链、促进三产融合作为发展特色乡村产业的命脉，对壮大第一产业、联动第二产业、开发第三产业予以政策上的大力支持，以实现三产之间相互促进的有利局面。金堂福兴镇园觉寺村引入了浙江企业发展铁皮石斛产业，不仅开发出铁皮石斛有机鲜条、铁皮石斛花、铁皮枫斗等产品，还通过与种植基地周边农户合作（农户以房入股作为民宿）发展康养产业，形成了"一三互动，农旅结合"的模式；在淮口镇引入了四川聚峰谷农业科技开发有限公司，给予其农产品免缴增值税和油橄榄产业建设补贴、土地规模经营奖励、龙泉山植被恢复工程补贴等优惠政策，形成了以油橄榄科技研发、种植加工、品牌运营为主导，以油橄榄历史、文化、养生、科普等价值挖掘为提升，融入文化、建筑、乡村旅游和休闲养生元素的油橄榄全产业链基地。2018 年，金堂县入选全国农村一二三产业融合发展先导区。

三是链条延长型。通过深挖主导产业增值潜力，促进农业产业链前沿后伸，把农资供应、农业生产、加工销售、服务等环节连接起来，形成产加销一体化的生产经营格局。云南省元阳县是世界文化遗产红河哈尼梯田文化景观的核心区，拥有 17 万亩梯田资源。通过推动规范梯田红米的种植标准，元阳县推动了红米生产的标准化。在生产规模化方面，主要以梯田红米种植户为主体，粮食局牵头成立梯田红米专业合作社，通过与县粮食购销有限公司合作，大力发展合作经济，再依托电商产业园深加工，共同形成"农户种红米——合作社收红米——粮食购销公司初加工——电商平台精深加工卖红米"的模式。通过企业拉动建立品牌平台，依托县粮食购销有限公司将梯田红米作为电商销售商品进行打造，注册了"阿波红呢"和"元阳红梯田红米"两个商标，元阳梯田红米有机转化认证和元阳梯田红米有机转化产品认证两个有机认证类别，形成了哈尼梯田红米的产品品牌。在销售方面，充分利用成立的元阳县云上梯田电子商务有限公司和红河元阳梯田云科技股份有限公司，通过自建"元阳商城"电商销售平台，先后与中粮集团等电商平台公司合作，带动了更多小电商平台公司销售梯田红米，形成了电商大平台带动电商小平台销售梯田红米的产业发展新模式。新产业新业态发展，帮助农民脱贫解困，增加农民收入，繁荣了农村经济。

四是区域发展型。依托当地资源，培育发展优势主导产业，带动乡村产业发展，促进本地农民就业增收。山西省将"一村一品""一县一业"作为发展特色农业、夯实县域经济基础的切入点和总抓手，打造了万个"一村一品"专业村、60个"一县一业"基地县。目前，专业村50％的农户从事主导产业以及相关经营活动，农民家庭经营收入的55％以上来自主导产业；基地县主导产业产值占农业总产值的40％以上，涌现出平遥牛肉、太行小米、吕梁红枣等一批区域品牌，在农产品品种多元化，经营方式多元化方面都形成了鲜明的山西特色。全国一些地区也探索通过建设产业园区、特色小镇、淘宝村等，带动乡村产业发展，取得了明显成效。

五是集体带动型。农村集体经济组织发挥"统"的优势，通过专业合作，股份合作等方式带领村民因地制宜发展现代农业和农村二三产业，壮大农村集体经济。青海省西宁市大通县朔北藏族乡边麻沟村村集体利用良好的生态本底和自然风光，盘活村集体闲置林地和流转耕地，整合财政资金200万元和扶贫资金50万元，与"大众农业观光合作社"以股份合作社形式联合发展乡村旅游，2018年，实现村集体收益21万元，其中，资金入股实现收益15万元，土地入股实现收益6万元，为全村558位集体成员每人分红200元。

（三）经验启示

发展乡村产业是国内外促进城乡一体化发展所面临的重大课题，通过对国际经验和国内做法的总结梳理，可以得出以下几点经验启示。

一要理念引领。坚持什么样的发展理念，决定了什么样的乡村产业发展路径。必须始终坚持把农民利益放在第一位，在政策设计、项目实施、产业促进等方面，确保农民利益不受损害，农民权利不受侵犯。必须坚持绿色发展理念，转变粗放型的发展方式，构筑绿色发展的产业链、价值链，走环境友好型、资源节约型的可持续发展道路。必须坚持城乡统筹发展，推动城乡基础设施建设和基本公共服务均等化，优化乡村生产生活环境，为乡村产业发展奠定坚实基础。

二要规划先行。科学合理、具有明确目标的长短期规划是乡村产业发展的前提。发达国家在促进乡村产业发展的过程中，特别重视规划的意义作用，制定了相应的战略规划或行动计划，提出了明确的战略目标、重点任务和支持措施，如日本的"一村一品""六次产业化"、韩国的"新村运动"、加拿大的农村协作伙伴计划。在此基础上，建立行之有效的执行机制，多年持之以恒推动，凝聚各方形成合力，实现了乡村产业振兴。

三要市场主导。市场是评判乡村产业发展质量和效益的决定力量。发展乡村产业必须充分尊重产业成长规律，发挥市场在资源配置中的决定性作用。荷兰超过 90％的大宗农产品通过拍卖市场进行批发销售，80％的花卉经拍卖交易出口到世界各地，这些市场都由农民自发合作组建。同时，将优化政府的规划引导、统筹协调和公共服务职能与尊重市场对资源配置的决定性作用有效结合起来。无论国际还是国内，坚持市场主导和发挥好政府调控引导相结合都是乡村产业发展的一条重要成功经验。

四要政策扶持。国内外在促进乡村产业发展过程中，均加强了农业科技、基础设施、价格保护、金融保险、收入保障等方面的政策支持，撬动各种资源要素投入乡村产业，提升产业综合竞争力。日本出台了大量的税收、财政补贴等方面政策和法律，以保证法人企业、农协的健康快速发展。

五要拓展业态。随着经济社会发展和产业融合推进，乡村产业中第一产业比重持续下降，一二三产业边界逐步模糊，农业由传统的物质产品供给功能，向休闲旅游、生态健康、文化传承等非物质产品供给功能拓展，农村产业的发展形态日益多元，空间日益扩大。荷兰积极发展创意农业，推进郁金香生产及其产品成为现代时尚创意的多种载体。

五、中国特色乡村产业的发展方向

作为现代农业 4.0 版的中国特色乡村产业发展，是从中国的国情农情出发，基于对中国农业资源禀赋多元、产业类型多元、农业从业者众多的事实提出的概念。未来为了促进中国特色乡村产业实现又好又快发展，需要结合乡村振兴的目标要求，明确中国特色乡村产业的发展方向。

（一）牢牢把握中国特色乡村产业发展的多元特征

中国特色乡村产业发展必须立足中国供给解决中国需求，立足中国资源解决中国问题。从总体上看，中国农业资源禀赋呈现人多地少水缺的基本特征，从地域分布上看，不同区域自然资源禀赋、经济社会发展水平差异较大，具有鲜明的多元化特征。中国特色乡村产业发展的多元化特征主要来源于以下三个方面。

一是资源禀赋多元。与美国的资源农业、日本的精细农业、以色列的旱作农业、荷兰的设施农业等特色鲜明的农业模式相比，中国农业最大的特征就是资源禀赋多元对应的农业模式多元。东北地区人少地多，适合发展大规模粮食生产；西北地区水资源相对缺乏，适合发展旱作农业生产；东部、中部地区农业资源多样，劳动力、技术资源具有优势，适合发展多样化农业和都市农业；西南地区地少水丰，丘陵、山区并存，适合发展特色农业。资源禀赋多元决定了产业发展类型的多元，促使中国立足于不同的资源禀赋和农业生产条件，发挥不同区域农业比较优势，因地制宜确定乡村产业的发展方向。

二是产业形态多元。从传统农业的角度来看，中国农林牧渔产业门类齐全，可以提供全球最多元的农业产业类型和农产品种类，满足城乡居民多样化的农产品需求。从新产业新业态的角度来看，观光农业、体验农业、功能农业等各类新兴业态蓬勃发展，丰富了中国农业产业的类型类别。产业形态的多元化发展孕育了中国农业深厚的潜在竞争力，新产业新业态的兴起进一步拓展了产业发展的边界，为农民提供了更多的就业机会和广阔的增收空间。

三是经营主体多元。中国地区间经济社会发展的不平衡、农业资源禀赋的不均衡，决定了农业经营主体的多元化。经营主体多元是中国农业向现代农业演进过程中的必然现象。一方面，大国小农仍是中国的基本国情和农情，以家庭经营为主的小规模农户多达2.6亿。另一方面，新型农业经营主体蓬勃发展，目前家庭农场、农民合作社、农业企业以及农业社会化服务组织等各类经营主体达300万家，另有黑龙江农垦等国有性质的经营主体，以及广泛存在于大城市郊区、东部地区的集体性质的经营主体。这些经营主体所有制构成多元、组织形式多元、利益联结机制多元，不同的新型农业经营主体在现代农业的不同环节、不同层面扮演着不同角色，共同构建了多元化农业经营体系和现代产业体系。深刻表明中国在农业分工分业、专业化、规模化经营方面有充分的资源配置潜力，各类专业人才有巨大的成长空间。

（二）牢固树立中国特色乡村产业发展的基本目标

推动中国特色乡村产业发展必然要立足中国经济社会发展的实际需要，在相当长的时期内，乡村产业发展最重要的目标任务依然是要聚焦保供给、保就业、保收入。

一是确保国家粮食安全。在新的发展形势下，农业的功能、路径、政策组合方式等都发生了变化，乡村产业由物质产出向非物质产出伸延，由平面农业向立体农业转变，由有边有形向无边无形拓展，由"农林牧渔"向"山水田林湖草"生命共同体迈进。尽管乡村产业的内涵外延发生了改变，但是乡村产业的基本功能不能有丝毫改变，即确保以粮食安全为中心的农产品有效供给。粮猪安天下，任重而道远，中国人的饭碗要牢牢端在自己手上，中国饭碗必须装中国粮。对此，认识必须清醒，理念必须坚守。

二是提高农业发展质量。乡村产业要不断满足消费者对农产品多元化的需求，不仅要吃得好，更要吃得安全，同时，千方百计释放农业的生态环境维护、文化传承以及观光旅游休闲等多元化体验，这是乡村产业的第二个任务。在这个过程中，乡村产业要延长产业链、提升价值链、保障供给链、完善利益链，实现农民在农业内部更充分的就业和农业经营收入的不断增长。与此同时，要通过乡村产业的发展遏止农产品贸易逆差越来越大的趋势，从而达到从国内来看满足需求保证供给、从全球来讲提高质量效益和竞争力的目的。

三是实现农村可持续发展。农业既是传统的产业，更是永恒的新生产业，农业农村要实现永续发展，绿色发展理念必须深入人心，乡村应该呈现一幅"望得见山、看得见水、记得住乡愁"的美丽景象。"山、水、田、林、湖、草"是生命共同体，要做到宜林则林、宜耕则耕、宜水则水、宜牧则牧，保持已经取得的好成绩，不断提高森林覆盖率，实现化肥农药零增长、负增长。统计显示，2015年化肥使用总量6 023万吨，到2019年减少到5 404万吨，使用量下降10%；2015年农药使用量为150万吨，2019年减少到122万吨，减少的比例高达15.7%。尤其在40亿吨动物粪便、10亿吨植物秸秆的无害化处理、资源化利用方面，各地开展的卓越工作，取得了不俗的成绩。

四是增加农民收入水平。乡村产业发展，不断延长农业产业链条，显著增加农业内部就业容量，要在增加农民家庭经营性收入这个方面做文章，以增加农民收入为工作着力点。这些年，不少贫困地区依托产业的多元化发展，既实现了农民在农业内部的充分就业，也大大地增加了从业收入，在致富奔小康的路上找到了自身的位置，比如山西的杂粮生产，陕西的苹果产业，西南丘陵山区的茶叶、药材生产，不仅对农民收入的增长效果明显，而且极大地丰富了乡村产业的产业类型。

（三）加快形成中国特色乡村产业发展的创新格局

创新是产业持续发展的不竭动力，发展中国特色乡村产业，必须要形成与时俱进的创新格局。既要注重不同业态的交叉融合，也要注重各种模式的创新发展，在依靠技术创新的同时推动技术进步。

一是业态创新。拓宽乡村产业发展业态，形成现代种养业、乡土特色产业、农产品加工流通业、休闲旅游业、乡村新型服务业、乡村信息产业等业态"百花齐放"的状态。创新发展乡村休闲旅游业，鼓

励农村集体经济组织创办乡村旅游合作社，或与社会资本联办乡村旅游企业，支持改善休闲农业、乡村旅游、森林康养公共服务条件，利用"旅游＋""生态＋"等模式，推进农业、林业与旅游、文化康养等产业深度融合。创新发展农村电商产业，加快建立健全适应农产品电商发展的标准体系，支持农产品电商平台和乡村电商服务站点建设，鼓励新型农业经营主体，加工流通企业与电商企业全面对接融合，发展电商产业园，推动线上线下互动发展。创新发展现代食品产业，引导加工企业向主产区、优势产区、产业园区集中，开发拥有自主知识产权的生产加工设备，加大食品加工业技术改造支持力度，在优势农产品产地打造食品加工产业集群，积极推进传统主食工业化、规模化生产。加强产业综合配套做大做强核心产业，完善包装、物流、仓储、餐饮等配套产业，既发展与农村相关的产业，也引导城市的互联网产业、创意产业等新兴产业在特色小镇等农村地区扎根落户。

二是模式创新。结合本地资源禀赋和产业基础确定如何培育多元融合主体，如何发展多类型融合业态，构建利益联结机制，对接现代农业产业体系、经营体系和生产体系"三大体系"建设，实现延长农业产业链、保障农业供给链、提升农业价值链、完善农业利益链、拓展农业生态链"五大链条"同步发展。发掘产业历史文化，选择和发展有利于发挥自身优势的特色产业，推进规模化、专业化、标准化生产，发展一大批优质专用、特色明显、附加值高的主导产品，做大做强区域公用品牌。完善农产品市场体系，面向农民和新型经营主体，靠近田间地头，改造完善农产品流通体系，完善仓储、冷链等基础设施条件，打造农产品营销公共服务平台，推广农社，农企等形式的产销对接，支持城市社区设立鲜活农产品直销网点。创建现代特色产业园，围绕有基础、有特色、有潜力的产业，创建一批带动农民能力强的现代农业产业园，建立农民充分分享二三产业增值收益的体制机制，允许园区以规划为依据整合相关涉农资金，对园区内辐射带动农民作用强的企业给予税收优惠。

三是技术创新。在乡村产业发展过程中，要高度重视创新技术的应用。重点结合数字技术的发展推动乡村产业数字化。习近平总书记强调，要推动互联网、大数据、人工智能和实体经济深度融合，加快推动农业数字化、网络化、智能化，增强新业态的技术保障。必须强化战略性前沿性技术在乡村产业中的超前布局，加强农产品柔性加工、区块链＋农业、人工智能、5G 等新技术基础研究和攻关，形成一系列数字农业战略技术储备和产品储备。强化技术集成应用与示范，开展 3S、智能感知、模型模拟、智能控制等技术及软硬件产品的集成应用和示范，熟化推广一批典型模式和范例，全面提升农业农村生产智能化、经营网络化、管理高效化、服务便捷化水平。以乡村产业发展需求为导向，推动形成产学研紧密结合的农业科技创新体系，促进科技与产业深度融合。

六、促进中国特色乡村产业发展的政策思路

乡村产业发展的本质是市场配置资源的结果，同时也离不开政府支持引导。要按照《中共中央国务院关于构建更加完善的要素市场化配置体制机制的意见》的要求，发挥市场配置资源的决定性作用，畅通要素流通渠道，保障不同市场主体平等获取生产要素，推动要素配置依据市场规则、市场价格、市场竞争实现效益最大化和效率最优化，促进中国特色乡村产业健康发展。

（一）以深化改革为主线盘活在乡资源

发展中国特色乡村产业，要以乡村现有产业基础和资源存量为前提，通过深化农村改革打破制约乡村产业发展的内在约束，创造优越的制度环境，盘活用好在乡要素资源。

一是深化农村集体产权制度改革，着力激发乡村产业发展的内生动力。深化农村土地制度改革，落实农村土地集体所有权、农户承包权、土地经营权"三权分置"办法，在引导农村土地经营权有序流转的基础上，更加注重发展服务带动型适度规模经营模式。深化宅基地

制度改革，在不能侵犯农民的土地权益，包括不减少粮食生产能力、不减少耕地数量的前提下，盘活用好闲置宅基地，通过出租、出让的方式，主要用于新产业、新业态的发展。扎实推进农村集体产权改革，在清产核资工作已经完成的基础上，全面开展集体经济组织成员身份确认、股权量化等工作，研究赋予农村集体经济组织特别法人资格的办法。培育壮大农村集体经济，稳妥开展资源变资本、资金变股金、农民变股东、自然人农业变法人农业的改革，打造服务集体成员、促进普惠均等的农村集体经济组织，大力发展乡村产业。

二是建立健全乡村人才培育机制，建设一支"懂技术、善经营、会管理"的乡村产业经营人才队伍。着力提升农业从业者的人力资本，打造"有爱农情怀，有工匠精神，有创新意识，有社会责任"的人才队伍。面向农村新产业、新业态，优化从业者队伍结构，加快建设知识型、技能型、创新型农业经营管理人才队伍。支持实施"本土农业高层次人才"培育工程，重点在农业企业负责人、农民合作社带头人、家庭农场主、农业服务组织负责人、农村民宿负责人等生产经营能手中遴选一批特色产业发展的领军人才。重点培养乡村产业经营管理人才，引导树立现代企业管理、产业融合发展、绿色生态发展等理念，提升决策经营管理能力，成为引领乡村产业发展的主力军。深化乡村创新创业人才培育，孵化一批"农创客""青创客"，为农业农村发展注入新鲜血液、新生力量。加强农业科技人才培育，培育一批现代种业、农业科技、设施装备、信息技术等科技研发、应用、推广队伍，提升农业科技水平，加快推进乡村产业升级。

三是推进农业农村管理体制改革，构建乡村产业一体化管理机制。加强农村基层管理，严格落实各级党委抓农村基层党建工作责任制，发挥县级党委"一线指挥部"作用，实现整乡推进、整县提升；深化农村社区建设试点工作，完善多元共治的农村社区治理结构；深化农村精神文明建设，提高农民文明素质和农村社会文明程度，改革农业行政管理体制，按照工业化思维和一元管理理念，整合有关管理职能，建立与完善市场经济体制相适应、符合现代农业管理要求的农业农村管理体制机制，构建农业生产投入一体设计、农村一二三产业统一管理、农业国内国际"两种资源，两个市场"统筹调控的大农业管理格局。

（二）以要素下乡为核心融合城乡关系

实现城乡要素自由流动，城市要素进入乡村，是乡村产业发展不可或缺的支撑条件，城市在资金、人才、科技等方面所具备的要素优势，恰为乡村产业发展所欠缺，必须打通城乡串联，将要素引入乡村，形成城乡共融共享、互利共赢的可持续发展局面。

一是吸引资金下乡。搭建城乡要素流动平台，促进城乡要素有效配置。引导资金流向农业农村，全面落实农村金融机构存款主要用于农业农村发展的考核约束机制，实施差别化货币政策，健全覆盖市县的农业信贷担保体系，改革抵押物担保制度，完善抵押物处置机制，扩大涉农贷款规模；推广政府和社会资本合作 PPP 模式，带动金融和社会资本投入农业。按照《中共中央 国务院关于建立健全城乡融合发展体制机制和政策体系的意见》的要求，建立工商资本入乡促进机制。完善融资贷款和配套设施建设补助等政策，鼓励工商资本投资适合产业化规模化集约化经营的农业领域。通过政府购买服务等方式，支持社会力量进入乡村生产性服务业。根据农业农村部制定的《社会资本投资农业农村指引》，将社会资本向重点产业和领域引入，通过独资、合资、合作、联营、租赁等途径，采取特许经营、公建民营、民办公助等方式，健全联农带农有效激励机制，稳妥有序投入乡村振兴。

二是吸引人才下乡。鼓励引导在外创业有成、热爱家乡的创业能人、社会贤达等，返乡创办实业，发展乡村产业。开展返乡农民工特色创业培训。优化农村电商发展环境，加大农村电商人才队伍培养力度，引导具有实践经验的电子商务从业者返乡创业。引导和鼓励高等院校、科研院所、国有企业等企事业单位专业技术人员到乡村离岗创新创业。实施乡村振兴青春建功行动，鼓励高校毕业生投身乡村产业建设、从事符合条件的创业项目。支持有条件的县市区，在资金支持、创业场地、项目孵化、融资担保等方面探索制定支持返乡下乡创业的优惠政策。

三是吸引科技下乡。深入实施科技兴农战略，改善农业重点学科实验室、科学实验站（场）研究条件，推进现代农业产业技术体系建设，打造现代农业产业科技创新中心和农业科技创新联盟，建设农业科技园区、农业科技成果转化中心、科技人员创业平台、高新技术产业孵化基地，打造乡村产业创新高地。健全涉农技术创新市场导向机制和产学研用合作机制，鼓励创建技术转移机构和技术服务网络，建立科研人员到乡村兼职和离岗创业制度，探索其在涉农企业技术入股、兼职兼薪机制。建立健全农业科研成果产权制度，赋予科研人员科技成果所有权。发挥政府引导推动作用，建立有利于涉农科研成果转化推广的激励机制与利益分享机制。探索公益性和经营性农技推广融合发展机制，允许农技人员通过提供增值服务合理取酬。

（三）以公共服务为重点完善政策体系

政府对乡村产业发展的政策支持应该突出服务导向，重点为各地发展乡村产业提供完备的基础设施和便捷的公共服务。

一是加大公共资源分配向农村倾斜力度，改善乡村产业发展环境。把强化农村基础设施建设纳入新基建规划，加强农村基础设施建设，全面落实城乡统一、重在农村的基础设施建设保障机制，深化农村公路管养体制改革，积极推进城乡交通一体化，实施农村饮水安全巩固提升工程和新一轮农村电网改造升级工程，进一步完善农村宽带、停车场、垃圾处理设施等条件。将农村新基建和乡村产业发展有机结合，以农村新基建催生乡村产业的新形态。加强财政支农投入，把农业农村作为财政支出的优先保障领域，中央预算内投资继续向农业农村倾斜，着力优化投入结构，创新使用方式，提升支农效能。加大各级财政对主要粮食作物保险的保费补贴力度，建立对地方优势特色农产品的保险补贴政策。

　　二是探索建立农业农村发展用地保障机制，助力乡村产业发展。完善新增建设用地保障机制，将年度新增建设用地计划指标、域内土地占补平衡年度土地利用计划确定一定比例用于支持农村新产业新业态发展，鼓励通过村庄整治、宅基地整理等节约的建设用地采取入股、联营等方式，重点支持乡村休闲旅游等产业和农村三产融合发展，加快推进农村"三块地"改革，让土地等资产要素活起来、流起来、用起来。盘活农村零散分散的存量建设用地，将整治的闲置宅基地、村庄空闲地、厂矿废弃地、道路改线废弃地、农业生产与村庄建设复合用地及"四荒地"，重点用于县域内发展乡村产业。完善农业用地政策，探索针对乡村产业的省市县联动"点供"用地。坚持土地管理制度改革创新与乡村产业发展相结合，研究进一步支持设施农业健康发展的意见，适度扩大农业设施用地范围、比例和规模，推动将农产品冷链、初加工、休闲采摘、仓储等纳入设施用地范围。

推进农村宅基地制度改革的
经验、问题与建议

赵兴泉

从 2015 年农村土地制度改革试点，到 2017 年三项试点联动改革，改革的难点、关切的焦点和探索的重点聚焦于农村宅基地。据我们对东西部 10 省 12 县调研发现，截至目前，我国试点地区进行的宅基地制度改革探索皆取得了较大的成效。

一、经验与问题

东西部 10 省 12 县按照"三权分置、三双同步"展开试点，积累了丰富的改革实践经验。改革的逻辑主线是，以通过明晰宅基地用益物权，明确宅基地集体所有权、农户宅基地资格权、使用权及农户房屋所有权的权利内容及其之间的权力关系。同时，在通过保障宅基地农户"资格权"基础上，差异化放活使用权，赋予资格权人和使用权人对宅基地占有、使用和收益的权利，以丰富用益物权的实现形式。

（一）突出宅基地"三权"分置的权能设定及其导向性

突出以"三权"分置权利架构为突破口，通过权能拓展，构建和

注：本文系《农村宅基地制度改革问题研究》课题研究成果节选，课题主持人：赵兴泉，单位：浙江农林大学，课题参与人：周少华、王枕旦、黄娟、金勇、贺学明、张黎明、姚杰、杨梓良、潘伟光、刘传磊、王敬培、周豪杰。课题组承诺本成果严格遵守了相关学术研究道德规范。

完善城乡一体化的市场要素发育格局，以形成"增量权能"，从而最终走出宅基地保障功能惯性与财产功能受限的"双重困境"。强化集体作为农村土地所有者的所有权权益，明确界定宅基地产权权能，活化宅基地使用权实现了以虚置的集体所有权和无限期的使用权向彰显"三权"的各自功能和整体效用的转变。明确成员资格权的政策边界，突出使用权回归完整的用益物权，设立次级用益物权，即资格权，使之成为破解当下宅基地制度困境的必由之路。同时，增量权能的主体性配置在东西部区域差异上呈现出明显渐进式分布，突出宅基地"三权"分置权力约束在土地公有制框架内差异性赋权，并使之对现有农村宅基地制度进行优化和调整。

（二）突出集体所有权的权益边界及其实现形式

明确权利行使主体及其权利边界，突出由村集体经济组织行使宅基地所有权，积极发挥村民自治组织作用，强化宅基地公有制性质。在显化村集体对于宅基地所有权的决策权能，强调县（区）、镇（乡）关于宅基地管理政策边界，由村集体经济组织结合本集体具体实际，完善宅基地制度权限和管理功能，明确本集体宅基地申请、流转、退出、收益分配等事务实施管理等权利边界。强化集体对宅基地依法享有的处分权利，落实集体对宅基地的监督权和管理权。构建完善集体与使用权人之间的增值收益分配机制，以"双有偿"实现城乡要素资源的优化配置。

（三）突出宅基地"双重属性"及其实现路径

突出"三权"分置本质在于体现成员权的集体土地所有制，是既定集体土地所有制下的产权重构。突出"身份锁定"是宅基地资格权的普遍认知，并构成资格权的基本要件。突出成员资格权的保留和预支，是宅基地"双有偿"改革的延伸，体现"资格权"延展性权利要求。部分地区试点成员资格权的固化，实际意义上构成成员资格权的有偿退出激励基础。突出建立"自愿有偿退出"机制，才能有完整的物权权能。突出既要多元保障农民"户有所居"的住房保障权利，又要赋予宅基地更多的农民财产性权利属性的"双重属性"权益实现。按照城市化进程可以分为，社区适度集聚安置保障、城镇规划红线内外双向保障、阶梯型安置保障、跨区域调整安置保障等。突出财产属性，本质是使用权权能活化，按照不同主体可以划分为腾挪、复垦入市盘活，赋权活能盘活，不动产权登记颁证引领盘活、规划和用途管制规制盘活。只是这种宅基地"双重属性"呈现出明显的地区倾向性，东部地区宅基地的保障功能逐步淡出，财产功能日益彰显，西部宅基地保障功能相对牢固。

以上各地实践显示，改革的主线是在维护集体所有权母权基础上，由"两权"到"三权"增量权能的适度赋权活能的实现过程。突出"稳"与"活"，以"稳"为依归，以"活"为导向。

但由于农村集体产权制度改革滞后，加之试点改革的碎片化、条块化，难以形成改革的集成配套合力，难以发挥农村综合改革的叠加效应。同时，由于缺乏有效退出机制，造成农村"外扩内空"和"人减地增"人地关系的矛盾扭曲；由于缺乏有效监管机制，造成"一户多宅"与"新户无宅"长期共存的现实矛盾；由于缺乏刚性化社会保障机制，累积成乡村全面振兴与城乡融合发展相互掣肘的结构性制约；由于缺乏市场要素双向流动的平台支撑，加上农村资源禀赋差异，规模性集聚弱散，生产要素价格与交易费用高企遏阻了社会资本的进入，等等。以上诸多实际问题，造成宅基地管理制度及其相关配套政策体系建设的普遍滞后，进而进一步制约农村宅基地适度赋权增能和乡村治理能力提升。致力于推进宅基地制度改革深化，我们还在路上。

二、若干建议

深化农村宅基地制度改革，要贯彻落实习近平总书记关于农村土地制度改革的重要论述，坚守底线不动摇，推进改革扩面、提速、集成，加强制度创新和制度供给。因此，我们建议：

（一）坚持以完善"三权"分置为方向，深化农村宅基地制度改革试点

坚持以制定农村宅基地使用管理国家法规为指向，以"试制度、试规则、可复制、可推广、利修法"的原则，在原 33 个县基础上扩大试点，分层布局试点。坚持立制度利修法的改革思维，在行使农村集体组织及其成员土地处分和收益权过程中，突出农村宅基地作为"三块地"的核心牵引作用，突出以保障农户的居住权，实现宅基地的财产权，腾退闲置宅基地，鼓励农村宅基地的自愿有偿退出的目标导向。建议扩大农村宅基地退出的转让范围，在宅基地的双重权利属性和双有偿上试制度，逐步取消受让人仅限于本村集体经济组织成员的限制性规定等。

（二）坚持以要素市场化配置为取向，深化宅基地确权赋权活权的体制机制创新

建议加快修改完善土地管理法实施条例，制定出台农村集体经营性建设用地入市指导意见，建立公平合理的集体经营性建设用地入市增值收益分配制度。建议在法律法规以及实施办法上对定限物权做进一步列举与细分，进一步赋权活能，赋予农民盘活宅基地的可操作权利。建议全面启动不动产确权和不动产登记颁证，全面加强历史遗留问题的处置，避免通过"三权"分置获取超额利益，避免借以市场化、产权化达到违法侵占的合法化。建议开展"双有偿""双权利"的机制和政策创新，逐步建立覆盖城乡的新型居住权保障体系。建议在保障农民居住权利的前提下，以区位为基础逐步试点推行"增量"宅基地的有偿使用制度。

（三）坚持以乡村治理现代化为导向，深化宅基地使用管理制度创新

建议构建完善县、镇（乡）级政府行政管理与村庄自治管理相结

合的运作机制，赋予村集体经济组织与其职能相适应的宅基地自主处置权，以村民自治为主体，切实发挥农民主体作用。建议规范宅基地的流转交易行为，提升土地发展型功能，构建完善农村房屋所有权、农村宅基地使用权的农村集体产权流转交易平台交易管理制度。建议加强村庄"两规"编制，强化土地用途监管，构建涵盖国土、规划、城管、住建等职能综合的快速反应执法机制。建议明晰产权，重塑农村宅基地管理的法治秩序。有效保障农户初始取得的宅基地资格权及其权益，以农村集体经济组织成员身份确定为依据，以额定面积、相对固化为基础，对农户宅基地及其房产进行不动产确权登记。在确权登记中，应区别对待不同时期、不同政策环境下的"权证"，妥善解决历史遗留的"一户多宅、面积超占"问题，以"非法占用的行政强制退出、合法闲置的经济杠杆调节、自愿退出的合理补偿"为基本原则，分类型、分阶段合理合法处理"一户多宅、面积超占"问题等。

（四）坚持以乡村产业振兴为目标，深化闲置宅基地及农房盘活利用机制创新

建议建立完善农村宅基地流转市场，促进闲置宅基地和闲置农房流动，盘活宅基地，提高土地利用效率。建议合理利用闲置用地，积极推进可复垦闲置宅基地的复垦工程，建设和完善农业生产性设施，科学配套必要的基础设施，灵活使用闲置宅基地复垦耕地指标，以增加乡村振兴发展用地的存量供给。建议因地制宜合理确定闲置宅基地复垦耕地指标对购和对换所获收益在村集体与农民之间的分配比例，鼓励探索"农业标准地"建设，推广浙江乡村全域土地综合整治和点状供地经验。建议差异化放活宅基地和农民房屋的使用权，激活农村宅基地的产权权能，鼓励以入股、出租、联营等多种方式开展闲置宅基地的市场化经营。

（五）坚持以"三块地"改革和农村集体产权制度改革的系统集成为抓手，释放宅基地深化改革的制度红利

建议积极推动农村宅基地制度的综合配套体系改革，实现由"一户一宅"向"户有宜居"的宅基地保障方式转型，统筹推进农村宅基地自愿有偿退出与进城务工农民市民化的有机结合，推进城乡公共服务均等化等保障机制。建议积极推进新型城市化和农业转移人口市民化与实现乡村振兴协调配套的机制改革。建议坚持问题导向，集成包括农村土地制度、集体产权制度改革在内的农村综合改革试验，充分发挥改革的叠加效应，建立起政府、村集体和农民多方受益的协同机制。

关于城市规划区内乡村
退出集体经济组织的建议

周应恒

随着城镇化进程的快速推进，部分进入城市规划区的乡村组织，尽管完全退出农业，农民也完全失去承包地，但是因各种原因未能完全融入城市社区，还保留了部分原有的集体资产，形成很多的"城中村"，原有的集体经济组织没有解散，属于原集体经济组织的资产以及作为城市社区管理的社区配套设施都由城市社区组织（或村委会）代为管理。尽管辖区可能多数是新的市民，但有部分集中安置在拆迁小区的原有村民，也由这些社区管辖，形成区别于其他新市民的依托原有集体资产运转的集体经济组织成员群体。这种半城半乡的组织的存在，不仅阻碍城市化的融合进程，造成新的区隔，不利于城市的社会治理，同时也造成市场的扭曲，影响了社会公平。本文基于对江苏、广东等省份的部分"城中村"的实地调研，系统梳理了这类乡村集体经济组织存在的现实问题和潜在的隐患，并进一步提出了解决思路，为深化农村集体经济组织产权制度改革提供参考。

一、城市规划区内乡村集体经济组织存在的现实问题

长期以来，为保障农民权益，妥善安置失地农民进城居住，城市

注：本文系《发展壮大村级集体经济研究》课题研究成果节选，课题主持人：周应恒，单位：江西财经大学，课题参与人：张利国、潘丹、陈苏、曾永明、鲍丙飞、谭笑、冷浪平、罗适。课题组承诺本成果严格遵守了相关学术研究道德规范。

规划区内乡村在融入城市过程中，普遍采取的是"三置换"的方式，即以农村宅基地使用权置换城镇商品房、以农村土地承包经营权置换城镇社会保障和以农村集体经济组织收益分配权置换社区股份合作社股权。这种方式在一定程度上维护了失地农民的权益，使失地农民进城后获得了与城镇居民等同的社会保障待遇，并促成了"乡村转社区"。但在此过程中，部分基层政府为降低安置成本和减少"乡村转社区"后公共财政支出，并未向失地农民全额发放征地补偿款，而是将大部分安置费用集中使用，形成集体经济组织资产，并利用集体经济组织资产收益来承担"乡村转社区"后集体组织成员的福利保障、股份分红以及社区的日常管理开支。例如，江苏北部某市集体建设用地征用费用为 70 万/亩，但补偿给农民的平均每亩在 5 万元左右，其他费用被用于集体经济组织（实际上是乡村及社区行政组织）置换门面房等各种经营性资产的投资。这种以集体经济组织收益承担基层居民自治组织管理开支和原有集体经济组织成员福利的做法，使城市管理处于二元割裂状态，不利于城市的统筹管理，同时也很难保障原有集体经济组织成员的有效监督管理。

（一）城市管理处于二元割裂状态

目前，城市规划区内乡村呈现的二元割裂状态主要体现在组织成员管理与集体资产经营管理两个方面。在组织成员管理方面，主要表现为原集体经济组织成员享受高于社区内其他居民的福利待遇。作为集体资产股份收益的一种体现，集体组织成员享受集体资产收益带来的福利分配，包括由集体代缴物业费、水费、电费、燃气费等，同时可以免费使用社区内包括居家养老、医疗等在内的社区公益设施服务。课题组在苏州昆山泾河村调研过程中发现，该村现已全部搬迁至昆山市区泾河花园、鹿城花园与泾河示范村北区三个小区居住，小区内集体组织成员物业费由集体组织代缴，同时集体组织成员可以免费使用小区内的居家养老中心等社区公益服务设施，小区内其他城市居民则需要通过付费才能享受相关公益性服务设施。

在集体资产经营管理方面，城市规划区内乡村集体经济组织的经营项目已经完全非农化，但仍然保留了农村集体经济组织的身份，享受相关的税收减免政策。城市规划区内乡村在空间上融入城市的过程中，基本实现了无地化或趋于无地化，并通过预留建设用地的方式，将经营项目转为物业出租，经营方式也完全按照市场化的方式进行。课题组在苏州昆山调研时发现，该地为城市规划区内乡村提供5％的建设用地，用于置换门面房等物业资产，并通过资产的发包出租获得集体收益，集体经济组织享受相关税收减免政策，免契税和印花税。苏州60％的集体经济组织无需交税，2015年集体经济稳定的收入约为92.8亿元，上缴税额仅为1.8亿，非农化的集体经济组织的运营，如果不与其他类似企业同样管理，当然会造成市场扭曲，不利公平竞争。

（二）集体组织成员权能受限

由于城市规划区内乡村集体经济组织承担了社区公共开支，这无形中摊薄了集体经济组织的收益分配，降低了组织成员收益分配水平。并且，进入城市后，即使部分集中安置住居，但多数原有的乡村熟人社会完全解体，导致集体组织成员对集体经济组织的监督管理不充分，实际获得感与参与感偏低。具体表现以下两个方面。

一是集体组织成员收益权受限。目前，城市规划区内乡村集体经济组织的现金分红比例相对较低。一方面，该类乡村集体经济高度依赖物业经济，但土地资源供需双向收紧，物业经济缺乏增量发展基础，集体组织与农户增收难度大；另一方面集体经济组织承担了大量的社区公共服务和福利性分配支出。由于城市规划区内乡村集体经济组织未能完全实现政经分开，且承担了大量基层公共治理职能。课题组在江苏昆山调研了解到，2018年昆山泾河村村集体经济总收入2 200万元，其中行政管理人员工资支出接近300万元，基础设施维护和改造支出近600万元，集体福利支出550万元，村集体经济的积累资金500万元，现金分红为250万元。行政管理人员工资支出与基础实施维护和改造等社会治理领域的支出占了集体经济总收入的 40.91%，现金分红比例仅为 11.36%。2019 年南京浦口区实现现金分红及福利分配共计 6 322.39 万元，现金分红约占 28.09%。社会治理领域的支出严重压缩了集体组织成员的现金分红比例，使其实际获得感与发达的集体经济收入间存在较大差距。

二是集体组织成员的监督权与参与权受限。在城镇化进程中，城市规划区内乡村集体组织成员的居住形态发生了变化，由独户农房居住为主，变为城市小区楼房居住为主，很多成员由于货币化非就近安置或迁居异地，同时外来人口大量涌入，乡村原有的封闭格局被打破，集体组织成员成为社区人口的"少数派"并分散居住。同时由于集体经济组织与社区管理组织相重叠，导致集体组织成员很难获取集体经济组织经营与管理的相关信息，其监督权与参与权难以有效落实。课题组在南京和苏州调研期间发现，集体组织成员在城区集体经济收益分配过程中话语权很低，分配方案更多是由行政组织制定并实施。

二、城市规划区内乡村的集体经济组织长期存在的问题

（一）现金分红比例较低，集体资产管理效率下降，容易滋生腐败

由于目前城市规划区内乡村集体经济组织与基层自治组织未能实现政经分开，集体经济组织承担大量的行政管理职能，集体资产收益分配倾向于行政开支、社会管理以及福利分配，现金分红比例较低。南京浦口区 2018 年清产核资后，界定成员股东 218 855 人，2019 年全区实现现金分红及福利分配共计 6 322.39 万元，福利分配与现金分红比例接近 3∶1，人均现金分红仅 250.42 元。另一方面，虽然城市规划区内乡村的集体经济组织已然完全实现非农化经营，但由于其仍保留了村集体经济组织的身份，其经营过程享受多项税收减免，这使其可以在正常的市场竞争中获得了优势，造成了市场扭曲，不利于集体资产经营效率的提升，存在滋生腐败的隐患。

（二）政府财政行政开支存在逐渐加重的隐患

因集体经济组织承担基层自治组织社会管理开支做法的初衷是利用集体内部交易成本低的特点，节约基层治理成本，从而减少政府的财政开支。但对处于城市规划区内乡村的集体经济组织而言，其已经在空间上融入城市，许多街道或社区已经完全非农化，传统农村社区的封闭性被打破，在政经分开的条件下，承担大量的社会管理职能，不再具备降低交易成本的优势。由于政府规划造成不同街道禀赋条件不同，资产收益出现分化，进而在现金分红上体现差异。政府为缩小这种差异往往借助补贴或内部财政转移等方式，但这在一定程度上会加剧政府财政负担。课题组在苏州调研了解到，苏州目前为平衡不同村集体组织间分红差异，采取的是将集体资产逐步上收至镇级的做法，通过内部公积金的方式来均衡集体组织间收入差异。这种做法，实际上是将集体资产国有化，通过行政手段来管理集体经济组织经营，存在加重财政开支负担的潜在隐患。

（三）阻碍城乡一体化进程，影响集体组织成员融入城市

目前，城市规划区内乡村的集体经济组织成员普遍享受着高于普通城市居民的福利待遇，无需自主缴纳物业费甚，至水费、电费、燃气费等，还可免费享受本应对社区全体居民开放的各项公益型设施。一方面造成了原住民与外来新市民的福利差异，不利于城市的统一管理；另一方面，也不利于原住民市民化，阻碍了其融入城市生活。此外这种特权的存在以及代际传递的特征，在某种程度上也容易造成集体经济组织权能的自我封闭，不利于资源、要素等在市场上自由流动，同时也会影响原住民子女个人奋斗意识的培养。

三、城市规划区内乡村退出集体经济组织案例

广东佛山顺德区容桂街道有 44 个股份合作社，在产权制度改革过程，通过清产核资和折股量化已经将集体资产量化到组织成员。近

年来，因股份合作社内部矛盾纠纷冲突加剧，特别是随着城镇化进程的加快，土地收益大幅增加，村干部支配财产的权力增大。由于监管不到位，村组干部腐败以及侵害群众利益的现象高发、频发。同时，容桂街道集体经济组织成员已经完全融入城市社区生活，身份发生改变。但集体经济组织仍承担着社区相关的行政管理开支，限制了组织成员分红期望的对现。因此，容桂街道股份合作社成员呈现出较高的退出集体经济组织的意愿。目前，容桂街道茶基、三符里、城梓里等多个街道都完成了集体组织的退出解散。从解散过程来看，容桂街道主要采取如下做法。

（一）坚持民意先行，民主协商

容桂街道在集体经济组织退出过程中以民意为先导，由理事会主持集体经济组织退出解散工作，尽量简化流程，避免政府过多干预。资产的分配完全由理事会讨论决定。集体组织退出表决通过后，向街道办事处提交解散申请，连同资产分配方案一同向上级主管部门报备，补办解散申请审批手续，而后逐级向有关部门上报申请和备案，并最终完成注销工作。

（二）以清产核资为前提，秉持公开、公正、公平原则，捆绑量化分配

在清产核资的基础上，由理事会制定最后的资产量化分配方案，由联合财监组核定应收款项，并最终由全体股东进行表决，获得2/3以上股东同意通过，即可生效。集体经济组织退出过程中及时在公开平台上发布相关决议与声明，保证全流程透明公开。

（三）对争议资产建立政府收储制度，化解风险

对于退出集体经济组织过程中，存在分配争议或证照不全的资产，经过全体股东表决同意后，主动向政府提出申请，由政府统一进行整体打包收储，承担争议资产分配带来的风险。

四、解决思路与政策建议

目前，我国正处于新型城镇化建设与乡村振兴同步推进阶段，既需要推动高质量城镇化建设，又需要落实好乡村振兴战略。城市规划区内的乡村集体经济面临的问题不仅出现在东部发达地区，随着城镇化进程的深入，其他地区中小城市也面临同样的问题。因此，需要妥善处理城市规划区内的乡村集体经济组织面临的诸多问题，消除相关的隐患。综合分析，课题组认为该类乡村集体经济组织的存在既不利于城乡融合发展，也难以较大幅度提高组织成员现金分红收入，故应着手建立相应的集体经济组织退出机制，出台相关规范，明确退出标准。在具体操作方面，提出如下建议。

（一）以清产核资和折股量化为契机，将股份合作社变成股份公司，实施市场化公司化经营

鉴于目前城市规划区内乡村集体经济组织的经营形态已经完全非农化，建议对集体经济组织实施彻底的股份化改造，赋予组织成员完整的股东身份。参照已有经验，清产核资和折股量化是集体经济组织股份化改造的先决条件。在完成这两项工作后，集体资产全额落实到每个组织成员身上，可赋予组织成员完整的股东身份，享受股份公司的现金分红，允许其拥有股权的自由交易转让。集体经济组织转变为股份公司，参与正常的市场竞争，按章缴税，依法运营。

（二）明确集体经济组织与基层自治组织的边界，实施政经分开

社区委员会属于基层自治组织，按照相关规定，集体经济组织无需承担公共管理职能。建议集体经济组织与自治组织收支分开，集体经济组织不再承担公共管理职能，基层自治组织也不再承担经济发展职能，上级政府需要基层自治组织落实和执行的职能，可以通过财政拨款以购买公共服务的方式落实，所购买公共服务面向社区全体居民，集体经济组织成员在享受社区基本公共服务过程中所需缴纳的费

用，应缴尽缴。

（三）国家层面上，应该在体制上明确城市规划区集体经济组织应该解散，并制定集体经济组织解散退出的标准和规范

国家应着手出台相关政策规范，从制度上明确城市规划区内乡村组织应全部转变成社区组织，制定城市规划区集体经济组织退出的标准和规范，相应的城区集体经济组织，以清产核资折股量化为契机，转为成员持股的企业，允许股东自由交易转让自己的股权。改制后的企业按照城市工商企业管理。与此同时，相关的集体组织成员应全面给予城市市民的同等待遇，按照城市居民的要求管理。对于存在产权争议或证照不全的集体资产建立政府收储机制，承担化解风险责任。在退出方式上应提倡整体退出、成片退出、永久退出的方式。以此促进进入城市规划的乡村及其集体经济组织成员，全面融入城市，实现城市的有效治理。

农村临界贫困人口特征及帮扶政策建议

甘　犁

课题组使用中国家庭金融调查（CHFS）数据，对我国农村临界贫困户规模进行测算，分析了临界贫困户的特征。结果显示，2018年农村临界贫困人口规模为 1 609 万人，约占农村人口的 2.9％。临界贫困户收入波动大，陷入贫困风险较高。从劳动力数量和人口供养负担来看，临界贫困户略好于贫困户，但与一般农户存在一定差距；临界贫困人口健康状况相对较差，医疗和教育负担较重，但获得政策支持力度相对较小。部分建档立卡贫困户的收入在补贴后远超过临界贫困户。"悬崖效应"已经出现，造成了临界贫困户心理失衡，他们对一些公共服务的满意度以及幸福感低于建档立卡贫困户。

对于临界贫困户面临的突出问题，建议加强政策统筹力度，统一规范制度；根据农户致贫风险和困难类型实施梯度化的帮扶措施；加大对落后地区基础设施和基本公共服务投入力度，开发本地就业机会；为临界贫困户提供农业保险支持和市场对接服务；为发生大额医疗支出的临界贫困户增加临时性的医疗救助；为教育负担较重的临界贫困户提供教育资助。

注：本文系《收入水平略高于建档立卡贫困户群体政策支持问题研究》课题研究成果节选，课题主持人：甘犁，单位：西南财经大学，课题参与人：何青、王军辉、罗江月、曾婷、赵乃宝、孙永智、曲别曲一、揭梦吟、艾爽、夏晶晶、李琴。课题组承诺本成果严格遵守了相关学术研究道德规范。

一、临界贫困群体规模测算

本报告界定的临界贫困户，是指人均纯收入在当年国家贫困标准的1至1.5倍的非建档立卡贫困户，并满足以下两个条件之一：（1）家族人均持有金融资产和人均消费水平（去除医疗与教育支出）低于2倍当年国家贫困标准；（2）医疗与教育支出总额大于当年总收入。根据这一标准测算出2018年我国有1 609万农村临界贫困人口，占农村人口的2.9%，具体见表1。

表1 我国农村临界贫困人口规模测算

收入上限	2014年		2016年		2018年	
	占农村人口比例	人口规模（万人）	占农村人口比例	人口规模（万人）	占农村人口比例	人口规模（万人）
1.2倍贫困标准	2.1%	1 275	1.9%	1 120	1.2%	699
1.5倍贫困标准	4.7%	2 894	4.1%	2 402	2.9%	1 609
2倍贫困标准	8.2%	5 060	7.1%	4 216	5.5%	3 105

注：1.2倍贫困标准和2倍贫困标准为参考线。

该数据与课题组2020年1月、2月提交的阶段性报告不同，上一版报告的结论是"2018年我国有3 640万农村临界贫困人口，占农村人口数量的6.5%"。原因之一是课题组调整了对临界贫困户的界定，根据2020年3月国务院扶贫开发领导小组对识别边缘户的指导意见，课题组将临界贫困户的收入标准从贫困标准的2倍降为1.5倍；原因之二是课题组使用了更准确的数据处理方法，对跨年度追踪调查的个人数据进行了匹配，并使用了新的权重计算方式。所以本报告比阶段性报告测算的临界贫困人口规模略少。

二、临界贫困群体的人口特征和生计特点

（一）从劳动力数量和供养负担来看，临界贫困户略好于贫困户，但与一般农户仍存在一定差距

2018年临界贫困户平均每户拥有2个劳动力，户均儿童供养比为43%，老人供养比为35%。将贫困户细分为"未达到脱贫标准的贫困户"和"已达脱贫标准的贫困户"（分类标准详见附件），可以发现，临界贫困户在劳动力人数、儿童与老人供养负担方面的状况与已达脱贫标准的贫困户近似（表2）。

表 2　2018 年各类农户的户均劳动力数量、儿童供养比和老年人供养比

农户类型	户均劳动力人数	儿童供养比	老年人供养比
贫困户	1.3	48%	56%
未达脱贫标准的贫困户	1.3	49%	59%
已达脱贫标准的贫困户	1.8	42%	39%
临界贫困户	2.0	43%	35%
一般农户	2.3	26%	18%
所有农户平均	2.0	29%	28%

（二）临界贫困户的劳动力就业比例低于一般农户，以从事农业为主

临界贫困户与贫困户的劳动力就业特征较为接近，两类农户的劳动力就业比例低于一般农户。2018 年，临界贫困户的劳动力就业比例为 82%，比一般农户低 6 个百分点；劳动力以农业就业为主，有 56% 的劳动力从事农业（表 3）。

表 3　2018 年各类农户的劳动力就业情况

农户类型	劳动力就业比例	从事农业比例	非农就业比例
贫困户	80%	68%	12%
临界贫困户	82%	56%	26%
一般农户	88%	31%	57%
所有农户平均	87%	41%	45%

（三）临界贫困户人均收入远低于一般农户，以工资性收入为主

2018 年，临界贫困户的人均总收入为 4 610 元，比贫困户人均收入多 1 197 元，但远低于一般农户的人均收入水平（17 955 元）。工资性收入是临界贫困户的主要收入来源，人均工资性收入为 1 843 元，占总收入比重的 40%。与贫困户和一般农户相比，临界贫困户的农业收入占比较高，这表明，农业生产对临界贫困户维持生计起着较为重要的作用。转移性收入是临界贫困户的第三大收入来源，人均收入为 1 299 元，其中私人转移收入占主要部分，在转移性收入中占 43%，其次是养老金（30%）和安置收入（15%）（表 4、图 1）。

表 4 2018 年各类农户的人均收入

单位：元

	工资性收入	农业生产收入	工商业经营收入	财产性收入	转移性收入	总计
贫困户	534	389	28	47	2 416	3 414
临界贫困户	1 843	1 316	61	91	1 299	4 610
一般农户	11 484	3 081	1 119	282	1 989	17 955
所有农户平均	7 830	2 153	717	208	1 924	12 832

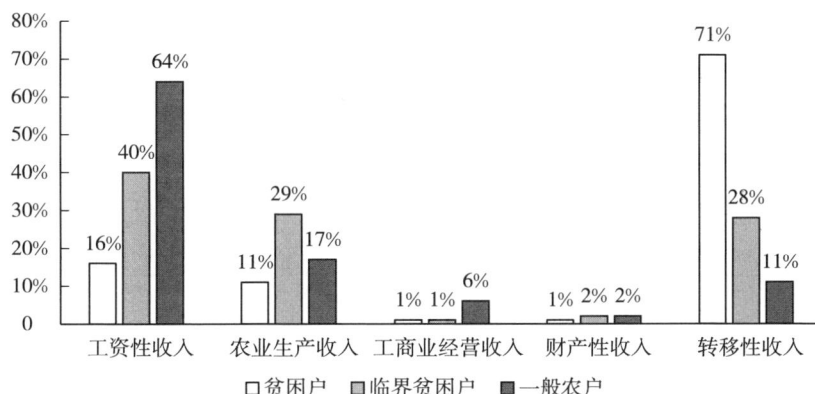

图 1 2018 年各类农户的人均收入结构

（四）临界贫困户收入波动较大，陷入贫困风险较高

从跨年度收入变动的趋势来看，收入略高于贫困标准的农户收入波动较大。以 2014 年收入在贫困线 1 至 1.5 倍的家庭为例（其中既包括临界贫困户，也包括建档立卡贫困户），2016 年这一群体中有 50% 的家庭出现收入下降，到 2018 年有 45% 的家庭出现收入下降（表 5）。

表 5 2014 年不同收入区间的低收入农户在 2016 年和
2018 年出现收入下降的家庭比例

年份	贫困标准 1～1.5 倍	贫困标准 1.5～2 倍	贫困标准 2～2.5 倍
2016 年	50%	47%	42%
2018 年	45%	45%	41%

受收入不稳定影响，收入略高于贫困标准的农户陷入贫困风险较高，且收入越低的农户面临的致贫风险越高。2014 年收入在贫困标准 1 至 1.5 倍的农户中，有 44％的家庭人均收入在 2016 年降至贫困标准以下，在这部分农户中，只有约一半家庭被认定为建档立卡贫困户；至 2018 年，有 41％的家庭收入降至贫困标准以下，其中只有 34％的家庭被认定为贫困户（表 6）。

表 6　2014 年的低收入农户在 2016 年和 2018 年收入降到贫困标准以下的家庭比例

年份	农户类型	贫困标准 1～1.5 倍	贫困标准 1.5～2 倍	贫困标准 2～2.5 倍
2016 年	收入降至贫困标准以下	44％	34％	30％
	其中：建档立卡贫困户占比	51％	44％	47％
2018 年	收入降至贫困标准以下	41％	33％	33％
	其中：建档立卡贫困户占比	34％	34％	34％

（五）临界贫困人口健康状况较差、医疗负担较重，所获支持较少

和一般农户相比，临界贫困户的人口健康状况明显较差，有残疾人的家庭占比（23％）、有健康状况很差成员的家庭占比（23％）以及 2018 年有住院者的家庭占比（55％）均高于一般农户（表 7）。

表 7　2018 年各类农户的家庭成员健康状况

农户类型	有残疾人的家庭占比	有健康状况很差者的家庭比例	2018 年有住院者的家庭比例
贫困户	34％	32％	52％
临界贫困户	23％	23％	55％
一般农户	11％	11％	32％
所有农户平均	15％	15％	36％

临界贫困户在医疗支出方面存在"三高"现象，即发生医疗支出的家庭占比较高、户均自付医疗支出高、自付大额医疗支出的家庭占比也较高，这三方面指标均高于贫困户和一般农户，值得有关部门重视（表 8）。

表8 2018年各类农户发生医疗支出以及医疗支出超过1万元的家庭占比

农户类型	有医疗支出的家庭比例	户均自付医疗支出（元）	自付医疗费超过1万元的家庭比例
贫困户	95%	8 744	23%
临界贫困户	97%	13 225	33%
一般农户	91%	6 639	18%
所有农户平均	91%	7 337	19%

虽然医疗支出较高，但临界贫困户的报销水平更接近于一般农户，而不是贫困户。2018年临界贫困户的报销比例仅为29%，比一般农户低3个百分点，同时还比贫困户低11个百分点。当医疗支出超出可承受范围时，农户往往会产生医疗负债。数据显示，临界贫困户发生医疗负债的家庭比例略低于贫困户，但明显高于一般农户。2018年有12%的临界贫困户发生医疗负债，比贫困户低5个百分点，比一般农户高7个百分点。在有医疗负债的家庭中，临界贫困户的户均医疗负债42 460元，明显高于贫困户（27 082元），也高于一般农户（38 342元）。

（六）临界贫困户教育开支负担较重，获得教育补助较少

临界贫困户教育支出明显高于贫困户。2018年，临界贫困户的户均教育支出为6 327元，是贫困户的2.8倍。教育负债现象在临界贫困户中较为突出。2018年临界贫困户有教育负债的比例为13%，明显高于贫困户（6%）和一般农户（4%）。在有教育负债的家庭中，临界贫困的户均教育负债额度为24 828元，比贫困户和一般农户的户均水平分别高6 921元和3 901元（表9）。

表9 2018年各类农户人均教育支出、教育负债家庭占比和人均教育负债额度

农户类型	户均教育支出（元）	有教育负债的家庭占比	有教育负债家庭的户均教育负债（元）
贫困户	2 296	6%	17 907
临界贫困户	6 327	13%	24 828
一般农户	4 218	4%	20 927
所有农户平均	3 844	5%	19 241

临界贫困户中，大学或大专及以上在读学生数量较多、投入较大。从各阶段学生数量来看，2018年各类农户在幼儿园和中小学阶段的在读学生数量差别并不大。但在大学或大专及以上阶段，临界贫困户的负担明显重于其他农户。2018年，有大学或大专及以上在读学生的临界贫困占11.9%，比贫困户高6.1个百分点；户均学生数量为0.13个，高于贫困户（0.06个）和一般农户（0.09个）（表10）。

表10　2018年各类农户在读学生情况

农户类型	幼儿园		中小学		大学或大专及以上	
	有在读学生的家庭占比	户均学生数量（个）	有在读学生的家庭占比	户均学生数量（个）	有在读学生的家庭占比	户均学生数量（个）
贫困户	9.9%	0.11	33.8%	0.52	5.8%	0.06
临界贫困户	9.4%	0.11	37.2%	0.59	11.9%	0.13
一般农户	10.7%	0.12	38.2%	0.51	8.4%	0.09
所有农户平均	10.1%	0.11	35.8%	0.49	7.8%	0.08

从教育支出来看，临界贫困户在各阶段户均教育支出都高于贫困户；在幼儿园、中小学阶段的教育支出与一般农户很接近，但大学教育支出明显高于一般农户。2018年，临界贫困户平均每户在大学教育方面的支出为2 459元，比一般农户和贫困户分别多641元与1 448元（表11）。

表11　2018年各类农户在读学生教育支出

农户类型	幼儿园教育支出（元）	中小学教育支出（元）	大学教育支出（元）
贫困户	276	1 167	1 011
临界贫困户	520	1 542	2 459
一般农户	501	1 581	1 818
所有农户	434	1 543	1 621

（七）因帮扶政策力度差异造成的"悬崖效应"突出

从政策支持额度来看，在2014、2016和2018三个年度，临界贫困户获得的补贴数额与一般农户几乎不相上下，远小于贫困户获得的补贴。而且，随着近年来扶贫力度加大，临界贫困户与贫困户享受的补贴差距也越来越明显。以政府发放的非生产性到户补贴为例，临界贫困户人均获得补贴从 2014 年的 67 元增加到 2018 年的 128 元，增加了 63 元；一般农户人均获得补贴由 57 元增加到 80 元，共增加 23 元。而同期贫困户获得的人均补贴额度从 363 元增长到 1 196 元，增加了 833 元（图 2）。进一步分解发现，2018 年贫困户与临界贫困户获得占比最大的政府补贴都是五保户补贴与医疗救助，但贫困户可获得的扶贫资金、低保补贴、五保户补贴与医疗救助的水平都比临界贫困户高。

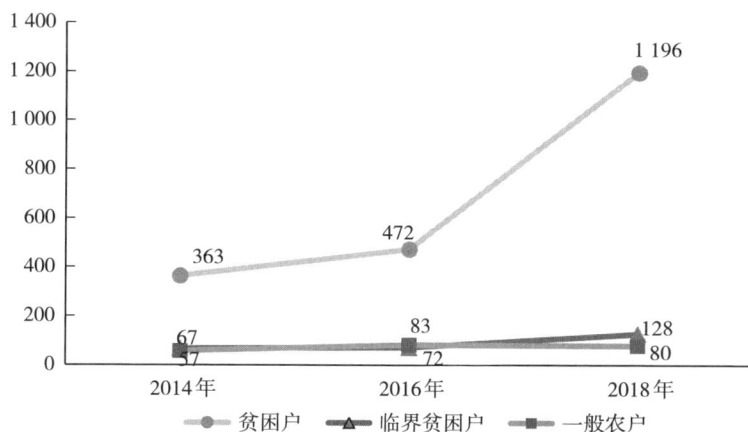

图 2　2014、2016 和 2018 年农户人均获得的政府补贴金额（单位：元）

　　由于在获得的政府补贴上存在较大差异，部分建档立卡贫困户的补贴后收入远超临界贫困户。将贫困户分为"未达到脱贫标准的贫困户"和"达到脱贫标准但生计脆弱的贫困户"两类，可以发现：在不计算政府补贴的情况下，2018 年临界贫困户的人均可支配收入与达到脱贫标准的贫困户基本持平，且明显高于未达到脱贫标准的贫困户。但加入政府补贴后，临界贫困户的人均可支配收入比达到脱贫标准贫困户低 1 036 元（19％）。政府补贴差距造成的"悬崖效应"已经显现（图 3）。

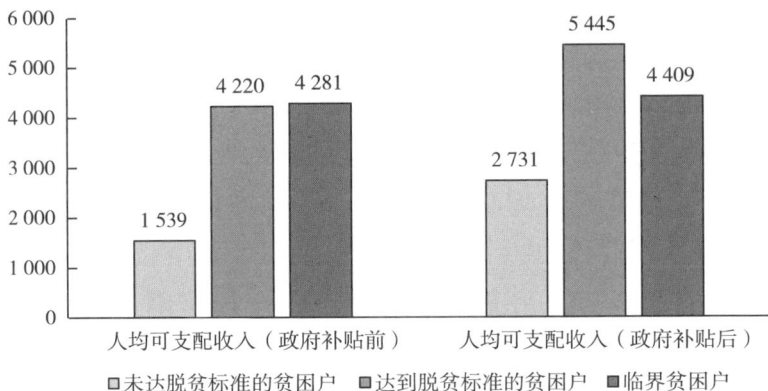

图 3　2018 年政府补贴对各类农户人均可支配收入的影响（单位：元）

三、临界贫困户支持政策面临的挑战

一是临界户与贫困户获得政策支持差距大，引发心理失衡。数据显示，临界贫困户对大部分公共服务的满意度都低于贫困户。尤其是在基本社会服务、扶贫工作以及基本社会保险这三方面。而且，临界贫困户的幸福感也低于贫困户。和贫困户幸福感一直呈升高的趋势相比，临界贫困户的幸福感在 2017 年出现增加后，到 2019 年又出现降低。2019 年，有 64.9% 的临界贫困户感到幸福，比一般农户低 4.1 个百分点，甚至比贫困户低 1.7 个百分点。

二是针对临界贫困户的各类救助措施统筹性不够。2016 年以来，国家层面出台了低保与扶贫政策衔接的意见，将部分收入略高于贫困标准和低保标准的群体纳入帮扶，各地也已开展一些探索。但目前，相关帮扶政策仍缺乏顶层设计和统筹协调，民政、扶贫开发、人力资源与社会保障、教育、工会、残联等多部门都有专项资金投入，一些政策之间可能存在交叉。

三是地方政府和基层干部对临界户识别工作存有顾虑。在经济发展水平和财政承受能力有限、脱贫任务重难度大的省份，推行临界贫困户识别工作仍面临一定困难，担心对边缘人群的扶持会影响脱贫攻坚主业，给基层工作带来巨大压力。基层干部认为，在临界户支持政策不明朗的情况下，应谨慎识别，以免因政策资源分配过度集中产生矛盾，影响基层稳定。

四是外部冲击为临界贫困户识别和帮扶带来新挑战。近年来，中美贸易摩擦、非洲猪瘟、新冠肺炎疫情、自然灾害等突发事件导致部分行业用工规模缩小，农民工就业机会减少，一些地区基础设施遭损毁，农业产业、扶贫车间和乡村旅游业发展受阻，农户增收不确定性加大。因外部冲击的影响时长并不确定，其叠加效应也未完全显现，政策对冲效果还有待继续观察，一些未纳入动态监测的临界贫困群体仍面临较大风险。

四、完善临界贫困户支持政策的建议

第一，加强政策统筹力度，统一规范制度。建议按类梳理分散在不同部门的相似政策，整合帮扶力量，按农户是否具有劳动力以及主要困难的类型，有针对性地协同相关部门完善支持政策，并及时总结地方政策实践中的经验教训，使临界贫困户帮扶体系进一步制度化、规范化。

第二，根据农户致贫风险和困难类型实施梯度化的帮扶措施。在当前阶段，可在政策种类数量和帮扶额度上对建档立卡贫困户和监测范围内的"边缘户"进行区别，使边缘户可享受的帮扶力度不高于建档立卡贫困户。2020 年后，可按照帮扶对象的致贫风险或困难类型划分三至四类困难级别，有重点、分批次地进行帮扶。

第三，加大对落后地区基础设施和基本公共服务投入力度，开发本地就业机会。利用乡村振兴契机，加大对农村基本公共服务的投入力度，尤其是在落后地区继续"补短板"，为临界贫困人口和脱贫不稳定劳动力提供更多就地就业机会，也为其可持续发展创造更好的条件。

第四，向已脱贫但生计脆弱的农户和临界贫困户提供农业保险支持和市场对接服务。农业对低收入户劳动力稳就业、维持社会稳定发挥着重要作用。从事小规模农业生产的临界贫困户在疫情、水灾后恢复农业生产的难度并不大，建议帮扶政策主要着力于农业保险支持和有重点的市场对接服务，帮助其应对自然灾害和市场风险。

第五，为发生大额医疗支出的临界贫困户增加临时性的医疗救助。建议扩大健康扶贫政策的覆盖范围，对当前纳入监测范围的、有大额医疗支出的"边缘户"提供标准略低于建档立卡贫困户的临时性医疗救助。

第六，为教育负担较重的临界贫困户提供教育资助。临界贫困户的人均教育支出、教育支出比例和水平都高于一般农户和贫困户，教育支出负担主要出现在义务教育以上的阶段。建议参照建档立卡贫困户的教育扶贫政策，为临界贫困户提供一定资助。

附：本课题对临界贫困户、贫困户和一般农户的操作性定义

农户类型	标准与定义
临界贫困户	同时满足以下两个条件： （1）人均纯收入（私人转移性收入、暂时性的政府转移收入不计入）在贫困标准1至1.5倍。 （2）人均消费支出（去除教育与医疗支出）小于2倍贫困标准、人均金融资产小于2倍贫困标准，或医疗与教育支出总额高于当年收入的非建档立卡农户。
贫困户	人均收入在贫困标准1.5倍以下的建档立卡贫困户。
达到脱贫标准、但生计脆弱的贫困户	人均纯收入（不计私人转移性收入、暂时性的政府转移收入）在贫困标准1~1.5倍的建档立卡贫困户。
未达脱贫标准的贫困户	人均纯收入（不计私人转移性收入、暂时性的政府转移收入）在贫困标准以下的建档立卡贫困户。
一般农户	人均纯收入在1.5倍贫困标准以上的农户。

脱贫攻坚与乡村振兴有效衔接问题研究

高　强

消除贫困、改善民生，是社会主义的本质要求。2021 年 2 月，习近平总书记在全国脱贫攻坚总结表彰大会上庄严宣告：我国脱贫攻坚战取得了全面胜利。新时代脱贫攻坚目标任务完成后，全面推进乡村振兴，这是"三农"工作重心的历史性转移。党的十九届五中全会强调，要实现巩固拓展脱贫成果同乡村振兴有效衔接。当前，学术界和实践界对于二者要不要衔接、能否衔接已经达成共识，但具体如何衔接、有哪些风险和障碍因素、怎么平稳转型等问题亟待深入研究。站在新的历史节点上，研究如何实现巩固拓展脱贫攻坚成果同乡村振兴有效衔接具有重要价值和特殊意义。

一、脱贫攻坚与乡村振兴有效衔接的政策目标

（一）巩固脱贫攻坚成果

巩固脱贫攻坚成果是实现"两大战略"有效衔接的首要任务，也是高质量打赢脱贫攻坚战的基本要求。进入脱贫攻坚最后决战决胜阶段，虽然剩余贫困人口不断减少，从 2012 年年底的 9 899 万人减到了 2019 年年底的 551 万人，但完成既定目标任务的难度仍然较大。

注：本文系《脱贫攻坚与乡村振兴有效衔接问题研究》课题研究成果节选，课题主持人：高强，单位：南京林业大学，课题参与人：刘同山、杨加猛、李洁琼、张成、孙竹梅、范玉陶、李晶、鞠可心。课题组承诺本成果严格遵守了相关学术研究道德规范。

与此同时，巩固脱贫攻坚成果的压力也逐渐增大。比如，不稳定的脱贫人口数量在不断增多，已脱贫人口中有近 200 万人存在返贫风险，边缘人口中还有近 300 万存在致贫风险。这也是中央提出现有扶贫政策在一定时期内保持稳定的重要原因。然而，从长期来看，扶贫工作方式由集中作战调整为常态推进后，依靠一系列超常规政策举措取得的成果，必须由系统化、常规性政策举措予以巩固。从目前看，巩固脱贫攻坚成果需要关注的重点人群有以下几类：第一类是依靠产业、就业等扶贫举措实现脱贫，但增收渠道单一且收入尚不稳定的已脱贫人口。第二类是人均纯收入在当年国家贫困标准 1～1.5 倍，且符合相关资产、消费、负债条件的临界贫困户。据有关研究测算，这类人口超过 1 800 万。第三类是已脱贫人口或一般农户家庭中有残疾人、老人和病人等健康状况相对较差、医疗教育负担较重的特殊农户。根据中国残联统计数据，截至 2017 年底，我国有 381 万建档立卡贫困残疾人。这部分群体即便已经脱贫，依然面临生产生活等各方面的压力。第四类是居住在深度贫困地区或生态环境恶劣等地区，容易遭受自然灾害、市场波动、重大公共卫生事件等各类风险影响的农村人口。比如，全国尚有 100 多万"应搬未搬"的同步搬迁人口。需要说明的是，这四类重点人群中，有的返贫特征互相交叉，有的致贫风险相互叠加，为巩固脱贫攻坚成果带来巨大挑战。

（二）缓解相对贫困

贫困作为一种复杂的经济社会现象，既是一种客观的存在，又是一种主观的建构。基于不同的研究视角，可以有绝对贫困与相对贫困、收入贫困与能力贫困、权利贫困与心理贫困等的划分。但不论是哪类贫困理论和观点，都认同的一点是，衡量贫困的标准是相对的、动态的。2020 年以后，我国的绝对贫困问题得到解决，将进入以缓解相对贫困问题为主的历史阶段。党的十九届四中全会提出，"坚决打赢脱贫攻坚战，建立解决相对贫困的长效机制。"这为新时期的扶贫工作明确了奋斗目标。习近平总书记指出，"脱贫摘帽不是终点，而是新生活、新奋斗的起点。"只要城乡、区域、群体间发展不平衡不充分的问题没有解决，相对贫困问题就将长期存在。在脱贫攻坚与乡村振兴有效衔接的视野下，相对贫困问题一定是一个多维度的、贯通城乡的并且依靠制度化的设计来予以解决的综合性问题。既包括持续增收问题，也包括缓解收入差距问题。既要实现低收入人口能力的提升，又必须持续改善欠发达地区的发展条件。有研究提出，按照国际上通用的测量方法，我国的相对贫困人口接近 1.5 亿。相对贫困不仅具有人口基数大、贫困维度广、致贫风险高等特点，也在持续增收、多维贫困、内生动力、体制机制等方面面临诸多难点。这也决定了 2020 年后的减贫战略必须从"扶贫"（基本需要）为主的经济维度，向"解困"（基本能力）为主的社会维度转变，推动减贫战略全面转型。

（三）农业农村现代化基本实现

农业农村现代化是实施乡村振兴战略的总目标，是落实农业农村优先发展理念的直接体现，也是实现长效减贫的重要保障。农业农村现代化既不是农业现代化的简单延伸，也不是农业现代化和农村现代化的直接相加，而是包括农村产业现代化、农村生态现代化、农村文化现代化、乡村治理现代化和农民生活现代化"五位一体"的有机整体。中共中央、国务院《关于实施乡村振兴战略的意见》提出，"到 2035 年，乡村振兴取得决定性进展，农业农村现代化基本实现。"同时，该文件还提到，"相对贫困进一步缓解，共同富裕迈出坚实步伐。"由于可见，缓解相对贫困问题对应于农业农村现代化，并包含在实施乡村振兴战略的阶段性目标之中。当前和今后一段时期内，中国发展不平衡不充分问题在乡村最为突出、在农业领域最为集中，城乡二元结构仍然是制约长效减贫的最突出的结构性矛盾。城乡发展失衡，也依然是实现乡村振兴和社会主义现代化的重大制约。因此，从中长期来看，农业农村现代化基本实现意味着"城乡基本公共服务均等化基本实现""城乡融合发展体制机制更加完善"，也意味着要靠制度保障让低收入人口平等参与现代化进程、公平分享现代化成果。

（四）推进乡村全面振兴

全球共同面临的重大挑战就是乡村衰退导致的"乡村病"和城市贫民窟。城市和乡村是命运共同体，工与农、城与乡都是共生共存、有机一体的。特别是进入解决相对贫困问题阶段后，贫困问题就不再是封闭的，而是可以在城乡之间流动的、传导的。因此，解决相对贫困问题、实现共同富裕，要在重塑城乡关系的基础上，统筹解决城乡贫困、多维贫困，推动城乡要素自由流动、平等交换，实现新型工业化、信息化、城镇化、农业现代化同步发展，确保工农、城乡共同繁荣一体实现。乡村振兴是包括产业振兴、人才振兴、文化振兴、生态振兴、组织振兴在内的全面振兴。实施乡村振兴战略，要坚持系统性思维、城乡融合观和历史性视野，把乡村看成一个完整的有机体，把城市和乡村看作一个连续体，统筹谋划农村经济建设、政治建设、文化建设、社会建设、生态文明建设和党的建设，注重协同性、关联性政策设计，依靠成熟定型的城乡融合发展体制机制，构建与乡村全面振兴相协调的发展机制，确保富民强村与乡村产业、乡村建设、乡村治理等方面有机结合，农业强、农村美、农民富全面实现。

二、脱贫攻坚与乡村振兴有效衔接的问题思考

（一）中央战略整体落地不够

1. 战略部署缺乏统筹协调。从基层观察看，有的地区脱贫攻坚、农业供给侧结构性改革与乡村振兴等中央重大战略的执行缺乏全局意识、总体观念与长线思维，导致工作中出现顾此失彼、头重脚轻等现象。比如，有的地方就"脱贫"论"脱贫"，就"振兴"谈"振兴"，忽视了"两大战略"之间的内在逻辑关系，涉农项目交叉重复，资金

投向分散等问题比较突出。

2. 重点任务指标化严重。从全国来看，从战略规划层面对重点任务进行分解是一种有效手段。但在基层执行过程中，各地先后出现了过度工程化、指标化等现象，存在硬性分解任务、过度依赖考核与单纯依靠督查等问题。

3. 政策碎片化问题突出。各地在脱贫攻坚过程中将项目资金整合，统筹产业、就业、教育、医疗等各类扶贫举措瞄准建档立卡贫困户，发挥了政策聚合效应。但在乡村振兴过程中，一些原有的政策部门化、部门利益化问题又重新出现，产生政策目标不清、定位不准等问题。

（二）区域支撑能力不强

1. 农村地区基层基础薄弱。主要表现在：基层组织建设与产业发展相互脱节，出现农村基层组织建设淡化、虚化、边缘化等问题；村"两委"班子在年龄结构、能力素质上，与稳定脱贫的要求相比，还有较大差距；贫困村党员数量少且后备干部不足，老龄化严重，而农村发展青年党员又受到指标约束等诸多限制。

2. 县域经济活力不足。从宏观环境看，一般公共财政预算收入下降，显著增加了脱贫攻坚与乡村振兴的难度。当前，一些地区的县域经济活力不足，发展项目"千篇一律"，存在乡村产业单一化、高风险与低竞争力等多重问题。

3. 农村改革协同性不强。建立城乡融合的体制机制与政策体系是巩固脱贫攻坚成果，推动乡村振兴的有力保障。城乡融合，关键靠改革，尤其是深化农村综合改革。从目前来看，农村改革系统性、协同性、整体性不够强，改革措施之间缺乏协同配套。

（三）工作体制机制不够顺畅

1. "市一级"政府缺位。从全国来看，中央、省、县的责任与分工明确，而"市一级"政府的定位不清晰，职能职责往往容易落空。

从实地调查来看，"市一级"政府在脱贫攻坚与乡村振兴中的作用不仅必不可少，而且责任重大。

2. 工作体制缺乏有效衔接。有的地方脱贫攻坚与乡村振兴工作体制机制各搞一套，缺乏相互通报机制、沟通机制、协调机制。一些贫困县脱贫摘帽后出现松懈厌战的现象，没有及时将剩余贫困人口脱贫问题纳入工作部署。扶贫产业项目与乡村产业项目重复建设，又同时存在忽视配套设施建设等现象。

3. 农业农村部门出现弱化现象。政府部门机构改革之后，党委农办部门设在农业部门，组建新的农村农业部门，负责牵头协调统筹推进"三农"工作的任务。但基层调研发现，一些省份在机构改革之前，由省委常委兼任省农工部门负责人，但改革之后不再兼任，导致其对其他涉农部门的协调能力下降。有些县市的农办主任兼任农业农村局局长，虽然行政级别不变，但在政府部门中的排名下降，政策话语权也随之下降。

这些问题虽然都是个别现象，但是具有共性特征，并且在贫困地区普遍存在，需要充分利用乡村振兴已明确的政策、工程、举措来统筹解决，从国家层面对"两大战略"有机衔接进行顶层设计，在巩固脱贫成果和防止新的贫困发生的基础上，接续推动贫困地区人口生活改善。

三、脱贫攻坚与乡村振兴有效衔接的政策框架

（一）政策衔接框架

脱贫攻坚与乡村振兴有效衔接的关键在于路径衔接，具体体现为微观政策的转移接续。依靠乡村振兴战略接续推动长效减贫，需要把握多维扶贫、城乡扶贫、制度扶贫、社会扶贫四个战略重点，优化创设一体化的减贫政策框架，建立覆盖工农、城乡一体的扶贫体制。一方面，从脱贫攻坚出发，要从保障性、开发性、支撑性、综合性四个维度，对现有扶贫政策进行梳理分类。其中，保障性政策旨在防止返

贫，开发性政策可促进收入差距缩小，支撑性政策能实现区域综合开发，综合性政策的目标在于多维解困；另一方面，从乡村振兴出发，要从发展性、建设性、公共性、改革性四个方面，把现有支撑乡村振兴的政策体系进行归纳。如图1所示，在对脱贫攻坚与乡村振兴进行整体谋划和统筹设计的基础上，对照前面论述的"四大"政策目标，将两组政策进行对接，整合汇总为防止返贫类政策、产业就业类政策、公共服务类政策、兜底保障类政策、区域开发类政策和城乡改革类政策。

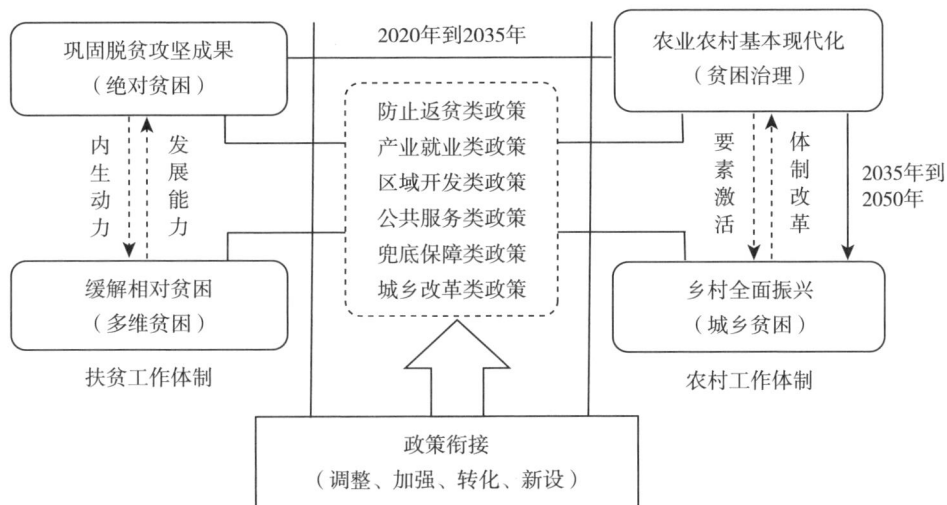

图1 "两大战略"有机衔接的政策目标及框架

（二）政策衔接路径

推动扶贫政策转型，要从政策调整、政策加强、政策转化、政策新设四个方面展开研究，重塑减贫政策体系。

1. 需要调整的政策。 扶贫工作方式从集中作战改为常态推进，必须对一些具有超常规、临时性特征的政策进行调整，在科学评估与风险分析的基础上，使其逐步退出。这方面的政策主要有以下三类：第一类是部分特惠型政策。如一些地方出台的针对建档立卡贫困人口超常规医疗保障政策等，已极大影响农村医保体系可持续运行。有的贫困县由于过度保障贫困群众医疗支出，医保基金严重收不抵支。这类政策也导致非贫困户、城市低收入人口等心态不平衡，应实事求是予以调整，分步骤向现行农村保障体系衔接过渡。第二类是拔高标准类政策。如一些地区对扶贫标准、措施层层加码，对贫困家庭进行"七改一增"等人居环境的改善。还有的地方组织为贫困户赠送洗衣机、冰箱、电视机活动，不仅无助于激发贫困人口内生动力，还容易引发"福利陷阱"。这类政策既增加了脱贫难度，又加重了地方财政负担，应坚决予以整改。第三类督查考核类政策。这类政策主要指扶贫领域各类督查、巡查、考核等专项行动，以及脱贫攻坚审计等政策。随着扶贫开发目标任务的完成，这类政策也应随之进行调整。一般而言，除扶贫资金使用管理成效及项目落实效果等个别领域之外，其余大部分扶贫督查行动都应及时调整。针对脱贫人口的稳定脱贫情况调查，可由统计部门的扶贫普查替代，转入农村贫困统计监测体系。总之，要根据经济发展走势、扶贫工作形势和财力承受情况，加强超常规项目必要性及可承受能力评估，清理临时性、突击性项目，规范过高承诺、过度保障的支出政策，建立与巩固脱贫攻坚成果相协调的体制机制。

2. 需要加强的政策。 绝对贫困消除以后，贫困地区的发展条件仍然薄弱，经济社会基础依旧不稳固，许多致贫因素尚未从根本上解决。因此，对于扶贫政策中具有补短板、强基础、利长远的政策，需要进一步加强。这方面的政策主要有以下三类：第一类是投入保障类政策。比如，财政投入中的各级扶贫专项资金、金融扶贫中的扶贫再贷款等政策，要做到投入力度不断增强、总量持续增加。打赢脱贫攻坚战以后，财政专项扶贫资金和有关转移支付应当围绕巩固脱贫攻坚成果的目标和要求，继续向已脱贫摘帽的欠发达地区倾斜，并允许以县为单位统筹整合使用。从短期来看，根据2020年中央1号文件对已实现稳定脱贫的县，应允许扶贫资金用于非贫困县、非贫困村的贫困人口。从中长期来看，要在保障投入不减的基础上，将其与其他财政涉农资金相整合，集中投入到乡村振兴的重点领域和薄弱环节。对于扶贫再贷款政策，要进一步加大力度，适当延长使用期限，实行更为优惠的利率，调整优化投向用途。对于扶贫小额信贷政策，要在继续加大支持力度的同时，进一步完善和发展相关政策措施，发挥其在帮助贫困群众发展生产、助农致富方面的作用。第二类是基础设施类政策。2020年以后，贫困地区的基础设施仍然比较落后，要以该类地区生产生活条件改善为支持重点，继续发挥交通、水利工程等重大项目对巩固脱贫成果的基础支撑作用，加快电网升级、通信网络和宽带覆盖等，补齐基础设施和公共服务短板。第三类是利于长远类政策。比如，在教育、医疗保障等方面，要推动进城农民工优先享有基本公共服务，促进有能力有意愿的农村贫困人口有序实现市民化，继续加强农村基层组织建设，实施贫困地区农村人才支持政策，继续加大深度贫困地区支持力度。

3. 需要转化的政策。对于攻坚期内让特定乡村、特定人口受益的政策项目，需要加快转型，调整政策支持重点，强化配套设施建设，使其纳入乡村振兴战略框架并向普惠型政策转变，统筹解决好摘帽后贫困地区人口能力提升与非贫困村、非贫困户支持问题。这方面的政策也有三类：第一类是工作延伸类。产业扶贫和就业扶贫是这类政策的典型代表。以产业扶贫为例，近些年，贫困地区发展了不少扶贫产业，成为脱贫攻坚和经济发展的重要支撑。但有些地区为突击完成年度脱贫"硬任务"，引进了许多短平快的产业项目，导致同质化问题严重。在实施乡村振兴战略背景下，产业扶贫要在此基础上进一步延伸，更加注重提升产业层次，立足于满足人们多样化、个性化、功能化产品需求，生产能够利用本地资源、具有比较优势的特色产品，培育长期带来稳定收益的产业。第二类是对象拓展类。截至2020年3月，全国"十三五"易地扶贫搬迁建设任务已基本完成，有930万贫困人口乔迁新居，有920万人通过搬迁实现脱贫。但与此同时，中西部地区还有大约100多万面临"一方水土养活不了一方人"困境的非贫困人口，亟待在乡村振兴战略背景下通过生态宜居搬迁、避险搬迁压茬推进，统筹解决同步搬迁人口问题。第三类是体制转换类。从宏观层面看，需要抓紧研究扶贫工作体系转型问题，将扶贫工作体制转移嫁接到农村工作体制。从微观层面看，主要是如何优化驻村工作队，完善东西部扶贫协作机制等问题。目前，全国共派出25.5万个驻村工作队、近300万名第一书记或驻村干部。2018年农业农村部、国务院扶贫办印发《关于建立贫困户产业发展指导员制度的通知》，要求各地以村为单位设置产业指导员，进村入户指导贫困户产业发展。2020年以后，可以继续沿用产业发展指导员制度，将驻村工作队与之相嫁接，新设立乡村振兴指导员。

4. 需要新设的政策。2020年以后，扶贫工作面临新形势，减贫任务也出现新变化，需要在对扶贫政策调整、加强、转化的基础上，设立一批新政策。比如，对收入水平略高于建档立卡贫困户的群众和非贫困村缺乏政策支持等问题，该增加的政策要及时增加。从目前来看，新设的政策应集中在以下三个方面：第一类是防止返贫类政策。随着脱贫攻坚不断向前推进，防止返贫的形势也越来越严峻。这类政策主要是通过加强对不稳定脱贫户、高风险脱贫户、贫困边缘户等群体的动态监测，建立防止返贫预警机制，及时将返贫人口和新发生贫困人口纳入帮扶范围。要针对欠发达地区人口存在的突出困难和现实需求，出台专项扶持政策，防止产生新的不平衡。防止返贫，还要特别注意完善救助措施、引入保险机制，建立保险扶贫保障体系。比如，一些产业扶贫行动将贫困户直接推向市场，在增加贫困户的收入的同时，也增加了贫困户的市场风险性，造成了扶贫致贫现象的发生。第二类是城市减贫类政策。我国目前没有明确的城市贫困线，也缺乏统一的城市减贫政策。要在城乡融合发展体制机制和政策体系的框架下，研究设计相关政策，将社会保障部门主导的城市救济、劳动支持政策与扶贫开发部门主导的农村扶贫举措相整合，解决以进城农民工为代表的流动人口的贫困问题和以老年人、残障人士、困难职工和失业人口为主要构成的城镇弱势群体贫困问题。第三类是社会扶贫政策。推动减贫战略转型，必须更加注重发挥社会扶贫的积极作用，推广政府与社会资本合作、社会组织与企业合作等模式，建立和完善社会扶贫激励机制，引导志愿者和社会组织更好参与扶贫工作，构建以市场化为主导的整体帮扶体系。

四、脱贫攻坚与乡村振兴有效衔接的思路与建议

（一）总体思路

适应新形势新变化，脱贫攻坚与乡村振兴有效衔接要从政府与市场两个层面展开，做好政府主导与市场决定的统筹衔接。如图 2 所示，政府调控层面，主要以稳定外部支持与投入机制为中心，确保支持不松劲、投入不减少，做好规划统筹、政策统筹、监管统筹、工作统筹，不断优化市场环境，创新领导体制与工作机制；市场机制层面，主要以培育农民群众内生动力和发展能力为中心，充分调动农民自身积极性主动性，消除绝对贫困、缓解相对贫困，实现乡村全面振兴，促进城乡融合，提高要素市场化配置水平。需要指出的是，实施乡村振兴战略要注意把贫困地区作为重点，为巩固脱贫攻坚成果提供支撑保障。

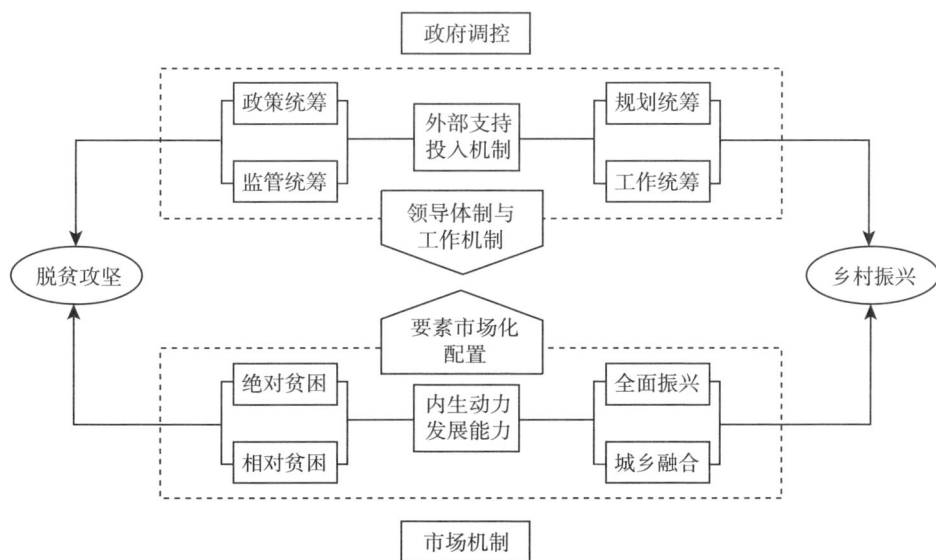

图 2　脱贫攻坚与乡村振兴有效衔接的总体框架

（二）衔接政策设计

脱贫攻坚与乡村振兴有效衔接的直接体现在于微观政策的转移接续。党的十八大以来，全国各地按照"发展生产脱贫一批、易地搬迁脱贫一批、生态补偿脱贫一批、发展教育脱贫一批、社会保障兜底一批"的总体要求，在产业扶贫、就业扶贫、易地扶贫搬迁、生态扶贫、健康扶贫、综合保障扶贫等领域，出台了一系列政策举措。这些政策举措和重大安排对于打赢脱贫攻坚战起到重要支撑作用。做到脱贫攻坚与乡村振兴有效衔接，要对目前施行的脱贫攻坚政策体系进行梳理，该退出的退出、该延续的延续、该转化的转化，分类做好政策统筹。

如图3所示，产业扶贫要注重长短结合，强化产业和就业扶持，着力做好产销对接，通过发展乡村产业，实现稳定脱贫；农村基础设施要继续提档升级，全面改善贫困地区生产生活条件，聚力实施一批交通、电力、通信、安全饮水、网络等引领区域发展的基础设施与公共服务；易地扶贫搬迁要通过生态宜居搬迁、农村居民集聚变迁等形式压茬推进，逐步解决同步搬迁人口问题，高度重视搬迁后的产业发展和人员就业问题，确保稳得住、可致富、能融入；兜底保障要动态化、精细化管理，把符合条件的贫困人口全部纳入保障范围，促进"扶贫线"与"低保线"两线融合，等等。

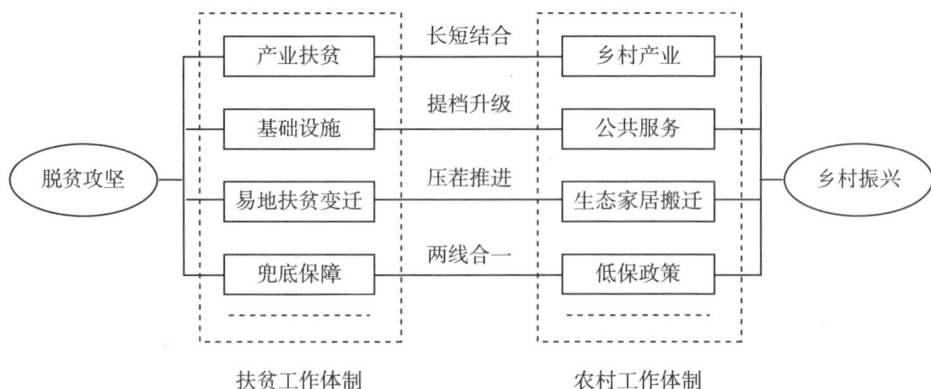

图3 脱贫攻坚与乡村振兴有效衔接的政策安排

（三）相关建议

随着乡村振兴战略和新型城镇化战略稳步推进，2020 年后贫困地区致贫因素和贫困形态将出现新变化，扶贫战略思路、工作体系与制度体系也要做出新的调整。因此，推进高质量脱贫、有效防止返贫，促进农业农村优先发展、实现乡村振兴是相互联系、相互促进的系统工程，需要统筹谋划、全盘考虑，做好规划、政策、监管、工作四项统筹。

1. 做好规划统筹。现阶段，要将贫困地区待完成的任务、工程、项目等纳入乡村振兴战略规划或实施方案，强化后续支持，使其长效发挥作用。目前各地颁布的《乡村振兴战略规划（2018—2022 年）》都将乡村建设摆在了突出位置，对村庄进行分类并明确了建设优先序。但是大多数地区都将率先振兴村或重点建设村确定为基础条件较好、交通位置优越的经济发达村，而将脱贫村或地处偏远的落后村作为后期开发村，出现"本末倒置"现象。做好规划统筹，必须将脱贫村作为乡村建设的重点，将乡村振兴相关支持政策向脱贫村予以倾斜，推动贫困地区基础条件改善。

2. 做好政策统筹。主要是研究现行倾斜性支持政策的延续时限、内容与脱钩方法，提出在哪些方面领域需要出台新的政策，在哪些领域需要上马新的项目。乡村振兴在资金、项目、人才、技术等方面的投入支持，要体现对贫困地区的倾斜。在乡村振兴重大计划、重大工程和重大行动中充分考虑长效脱贫和防止返贫的有关要求，巩固脱贫攻坚的发展成果。政策统筹的重点在于投入统筹。要抓紧研究将扶贫资金投入到乡村振兴的具体方案，加强涉农资金的统筹整合，尽快推动高标准农田建设等新增耕地指标和城乡建设用地增减挂钩节余指标跨省调剂政策落地，调整完善土地出让收入使用范围和比例，确保投入渠道不减少、投入力度不滑坡，健全乡村振兴多元化投入保障机制。

3. 做好监管统筹。主要是研究"摘帽不摘责任、摘帽不摘政策、摘帽不摘帮扶、摘帽不摘监管"的实现路径，重点在于实施扶贫对象动态监管，既要应退则退，又要应纳则纳。现阶段，要优化脱贫攻坚考核评估机制和评估办法，为乡村振兴实绩考核积累经验。推进乡村振兴过程中，要对脱贫户进行核查核实，凡是尚未完全解决"两不愁、三保障"的，及时标注为脱贫返贫人口，落实帮扶责任，实现稳定脱贫。同时，还要将收入水平略高于建档立卡贫困户的群众纳入重点监管范围，继续采取帮扶措施，巩固和扩大脱贫攻坚成果。

4. 做好工作统筹。 主要是研究在推进乡村振兴过程中如何借鉴脱贫攻坚形成的领导体制和工作机制，建立健全责任体系、监督体系、考核评估体系在内的制度体系。要充分发挥脱贫攻坚战略实施过程中帮扶队伍熟悉农村情况、贴近农民的特点，研究将脱贫攻坚帮扶干部转化为乡村振兴帮扶干部的衔接机制，加快新型职业农民培训力度，打造一支"不走的扶贫工作队"。同时，要深化农村改革，破除阻碍城乡融合发展的体制机制障碍，为乡村振兴注入强大动能。适应2020年后新的扶贫形势与战略重点需要，加快探讨如何改革现行扶贫体制，动态调整东西部扶贫协作、定点扶贫的目标方向，整合分散在各部门的扶贫资源，优化创设新的扶贫架构，建立覆盖工农、城乡一体的扶贫体制。

我国金融资本参与乡村振兴的投资情况分析及对策建议

黄惠春

一、金融资本参与乡村振兴投资的总体情况

（一）涉农贷款总量持续增长，但增速总体呈下降趋势

在推动农村金融体制改革与发展进程中，2010—2019 年金融机构涉农贷款①余额持续增长，2017 年贷款总量首次突破 30 万亿元，达到 309 500 亿元。但涉农贷款增速从 2010 年的 28.9％持续下降至 2016 年的 7.13％，2017—2019 年在 5.6％～9.6％波动，2019 年增速仅为 7.7％。涉农贷款增速整体呈下降趋势，且 2015 年之后涉农贷款增速始终低于金融机构贷款增速（图 1）。

（二）涉农贷款占比呈先上升后下降趋势，总体较稳定

2010—2019 年金融机构涉农贷款占各项贷款的比重经历了先上升后下降的变化，从 2010 年的 23.10％增长到 2014 年的 28.10％，继而持续走低至 2019 年的 23.31％。总体上看，我国金融机构涉农贷款占各项贷款的比重基本维持在 25％左右。近年来，人民银行和

注：本文系《开拓融资渠道强化乡村振兴投入保障研究》课题研究节选，课题主持人：黄惠春，单位：南京农业大学，课题参与人：林光华、戴国海、杨军、陈强、管宁宁、袁俊丽。课题组承诺本成果严格遵守了相关学术研究道德规范。

① 涉农贷款包括农林牧渔业贷款（即第一产业贷款）、农户贷款和农村企业及各类组织贷款等。

图 1　2010—2019 年金融机构涉农贷款余额和增速比较

数据来源：2010—2017 年根据中国金融年鉴历年数据整理，2018 和 2019 年根据中国人民银行官网数据整理

有关部门全面贯彻落实乡村振兴战略部署，不断深化改革，完善扶持政策体系，积极引导金融机构创新产品和服务方式，但近五年金融机构涉农贷款占各项贷款的比重不升反降，表明我国金融机构支农乏力（图 2）。

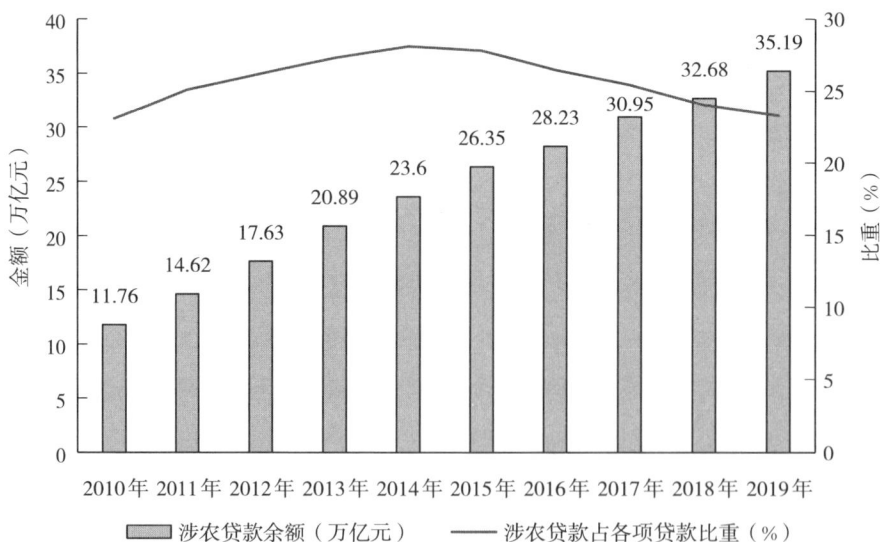

图 2　2010—2019 年金融机构涉农贷款占比情况

数据来源：2010—2017 年根据中国金融年鉴历年数据整理，2018 和 2019 年根据中国人民银行官网数据整理

（三）第一产业固定资产投资国内贷款总量持续上升，且增速高于全社会固定资产投资国内贷款增速

2010—2017 年期间，第一产业固定资产投资国内贷款总量持续增长，2017 年国内贷款总量首次突破 1 000 亿元。第一产业固定资产投资贷款增速在经历 2015 年的下降之后开始回升，2017 年增速达到 18.16％。第一产业固定资产投资贷款增速始终高于全社会固定资产投资国内贷款增速（图 3）。

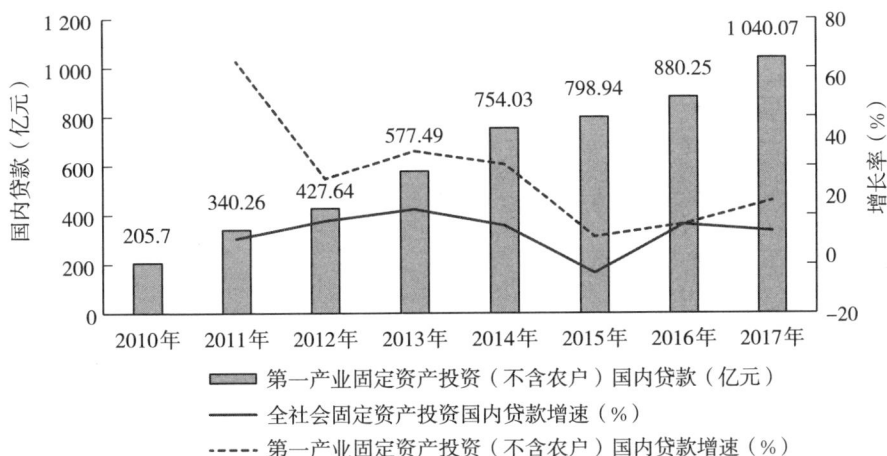

图 3　2010—2017 年第一产业固定资产投资国内贷款和增速比较

数据来源：根据国家统计局历年数据整理

（四）第一产业固定资产投资国内贷款占比总体呈上升趋势，但比重依然较低

2010—2017 年我国第一产业固定资产投资国内贷款占比总体呈上升趋势，从 2010 年的 0.47％增长到 2017 年的 1.44％。但总体上看，我国第一产业固定资产投资国内贷款占全社会固定资产投资国内贷款比重始终低于 2％，表明我国国内贷款在固定资产投资方面依然集中在非农产业，第一产业固定资产投资的贷款支持仍旧处于弱势地位（图 4）。

图4　2010—2017年第一产业固定资产投资国内贷款占比情况

数据来源：根据国家统计局历年数据整理

二、金融资本参与乡村振兴的资金来源分析

（一）涉农贷款资金来源以银行为主，其他金融机构融资不足，资金来源单一

在2014—2018年间，涉农贷款资金主要由全国性大型银行、农村金融机构和其他中小型银行供给。期间大型银行的支持力度逐年下降，其涉农贷款占比由2014年的39.84％下降到2018年的36.06％。农村金融机构的涉农贷款占比基本保持稳定，在31％上下浮动。在2014—2017年间，其他中小型银行对涉农贷款的供给占比呈逐年上升趋势，由28.23％上涨至32.15％，2018年下降至31.95％。财务公司等其他金融机构的资金供给占比始终较低，不足1％（图5）。

（二）第一产业贷款来源以农村金融机构为主，其他金融机构资金供给乏力

2014—2018年全国性大型银行、农村金融机构、其他中小型银行和财务公司对第一产业贷款供给结构基本保持不变。农村金融机构

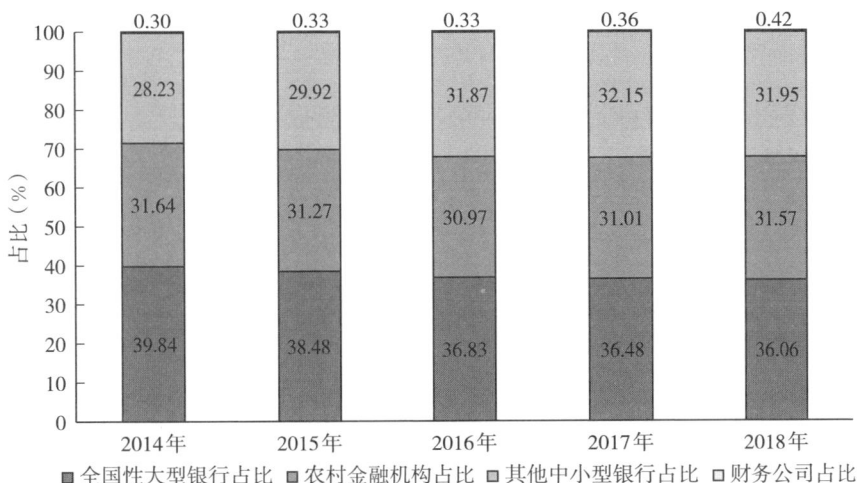

图5 2014—2018年金融机构本外币涉农贷款分机构占比

数据来源：根据中国金融年鉴历年数据整理

为第一产业贷款供给主体，占比维持在70%～72%的高水平上，全国大型银行的贷款支持力度呈下降趋势，其他中小型银行和财务公司对第一产业的资金供给合计不足12%（图6）。

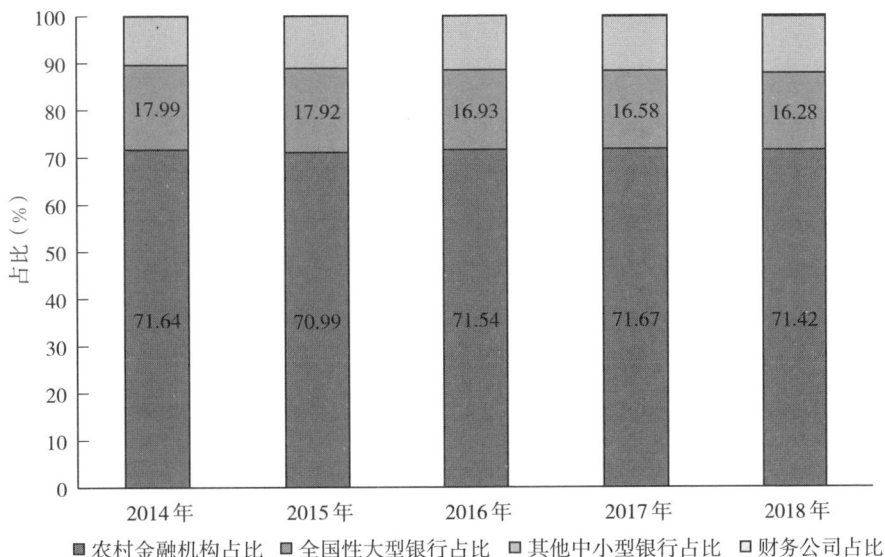

图6 2014—2018年第一产业贷款分机构占比

数据来源：根据中国金融年鉴历年数据整理

三、金融资本参与乡村振兴的资金投向分析

（一）从涉农贷款地区投向来看，金融机构涉农贷款地区差异较大，但差异在逐年缩小

我国金融机构涉农贷款投向以东部地区为主，东、中、西部地区大致呈 5∶3∶2 的结构，地区差异较大。但在 2014—2018 年间，涉农贷款地区投向差异在逐年缩小。其中，东部地区占比由 2014 年的 52％逐年下降至 2018 年的 46％，中部地区占比由 2014 年的 29％提高至 2018 年的 33％，西部地区占比由 2014 年的 19％提高至 2018 年的 21％（图 7）。

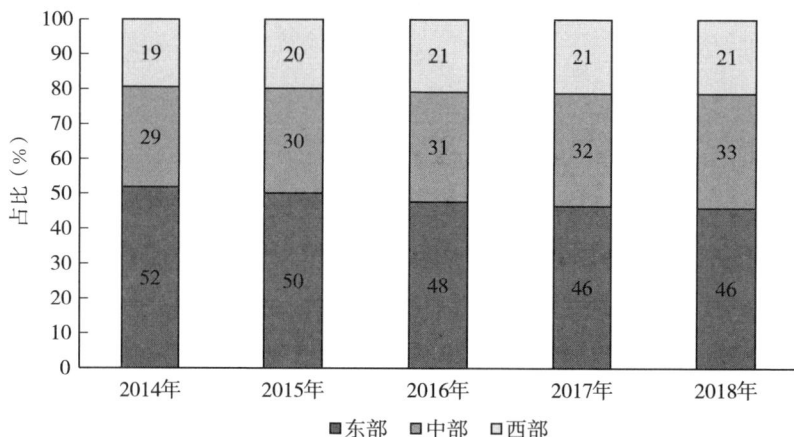

图 7　2014—2018 年涉农贷款地区投向情况

数据来源：根据中国金融年鉴历年数据整理

（二）从第一产业固定资产投资国内贷款投向行业来看，以种植养殖业为主的第一产业投资结构较稳定

第一产业包含了农业（种植业）、林业、畜牧业、渔业和农林牧渔服务业五个细分行业。2010—2013 年，种植业贷款占比逐年上升，由 26.98％上升至 40.24％。其间林业贷款占比逐年下降，由 15.41％

下降至 7.08%。2014 年之后，种植业贷款占比继续逐年上升，2017 年占比已高达 47.77%。2014 年以前畜牧业贷款占比一直维持在 30% 以上，2014 年之后畜牧业贷款占比逐年下降，2017 年畜牧业贷款占比已下降至 23.86%。渔业固定资产投资国内贷款占比总体呈下降趋势，2017 年渔业贷款占比已跌至 3.23%（图 8）。

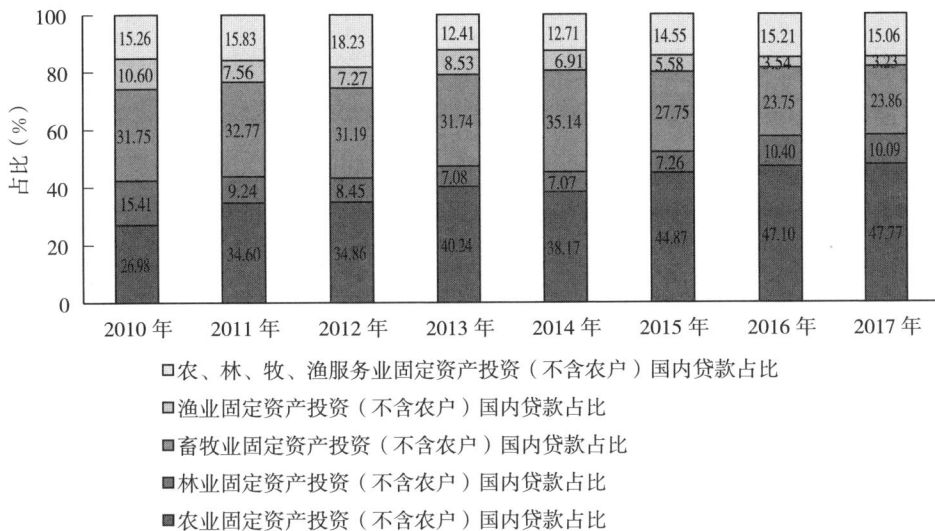

图 8　2010—2017 年第一产业固定资产投资国内贷款投资结构

数据来源：根据国家统计局历年数据整理

四、金融资本参与乡村振兴过程中存在的主要问题

（一）涉农贷款增速下降，第一产业固定资产投资贷款规模小、占比低

2010—2019 年，我国涉农贷款增速从 28.90% 下降到 7.70%，其中，第一产业固定资产投资贷款增速也由 2011 年的 65.42% 下降到 2017 年的 18.16%，占比虽从 2010 年的 0.47% 增长到 2017 年的 1.44%，但与 18.16% 的第一产业固定资产投资贷款增加值相比，我国金融资本对乡村振兴战略的投资仍存在较大提升空间。

（二）第一产业固定资产投资金融资本来源以商业银行为主，其他金融机构资金支持乏力

从资金来源看，我国涉农贷款资金来源以商业银行为主，其他财务公司资金支持不足1%。其中，第一产业固定资产投资贷款来源以农村金融机构为主，其他中小型银行和财务公司资金供给占比不足15%，资金来源渠道相对稳定且单一。这表明农村金融创新动力不足，金融资本参与乡村振兴的多元化格局尚未形成。

（三）第一产业固定资产投资贷款中农业占据主导地位，金融对其他领域的支持力度有待提高

从第一产业中各子行业固定资产投资贷款的比例来看，存在金融资本重点向农业倾斜的现象，金融资本对畜牧业和渔业的支持力度则大幅下降。

五、加大金融资本对乡村振兴支持力度的对策建议

（一）强化顶层设计，分类施策，激发金融资本参与乡村振兴的投资热情

1. 明确各类金融机构市场定位，差别化推进商业性金融、政策性金融和合作金融发展。突出政策性金融在农业固定资产投资、技术研发和中长期产业开发中的作用。

2. 强化统筹协调，通过搭建金融机构信息共享平台与农村互联网金融平台等，推动各项政策和资金聚合加载，改善农业项目融资条件和风险收益结构。

3. 推进农业投资财税优惠、农业贷款收益补偿与风险补偿等制度创新，破解农业投资成本和风险等方面的难题，激发农村金融投资的积极性。

4. 借鉴国际经验，整合重构农村金融服务体系，赋予农业部门

金融职责。加强农业部门和金融机构的信息分享及合作，建立财政部门、农业部门、银监部门和合作银行的协商沟通制度。

（二）构建新型支农体系，促进机构适度竞争

1. 农业发展银行作为政策性银行，应加大对农田水利、农业开发、乡村公路、绿色乡村、美丽乡村建设等的支持力度，充分发挥农业发展银行在乡村振兴中的骨干和主力作用。

2. 国有商业银行（特别是农业银行）可根据战略规划在县（市）或重点乡镇合理布局网点，将业务拓展延伸至乡镇，利用其资金和网络优势，实现其在大型农业基础项目上的资金支持。

3. 邮政储蓄银行应发挥好网络、网点和资金优势，坚持零售商业银行的市场定位，突出做好新型经营主体、小微企业等普惠领域的金融服务，加大县域信贷投放，最大限度地将"抽水机"变成"蓄水池"。

4. 农村商业银行（农村合作银行、农村信用社）应坚持服务县域、支农支小市场定位，理顺管理体制，强化独立法人地位，完善法人治理，提高经营独立性和自主权。

5. 引导村镇银行在乡镇或村级设立分支机构，重点向中西部地区和贫困地区倾斜。适度开设小贷公司和农村资金互助合作组织，向新型农村集体经济、特色农业、优质农业、乡镇小微企业等提供全面优质服务。

（三）创新金融产品服务、拓宽融资渠道

1. 根据乡村振兴实际情况，适时适度开发金融产品创新，提供适用性强、应用性广的金融产品，满足乡村振兴多元化金融需求。比如积极探索开展农村房屋抵押、大型农机具抵押、农户林权抵押贷款、农村中小企业简式快速贷款、农业订单、仓单和应收账款质押、圈舍和活体畜禽抵押等新型农产品抵押业务，依法合规推动形成全方位、多元化的农村资产抵质押融资模式。

2. 创新金融服务模式。创新县域各类经济主体经营特点相适应的金融服务方式，完善信贷管理制度，尽快开辟小微企业和"三农"金融服务绿色通道，全力提高金融服务效率和质量。

3. 扩大贷款规模和延长贷款期限。金融机构适当提高新型农业经营主体信用贷款额度，允许根据新型农业经营主体生产经营周期，合理确定贷款期限。

4. 探索农业产业化龙头企业股权融资新途径，鼓励符合条件的地区发行绿色债券、短期融资券、中期票据等新型融资工具，扩大融资规模。

关于后疫情时代推动我国农业企业
国际化的思考与建议

张学彪

近年来，我国农业走出去步伐持续加快，农业企业国际化正向纵深发展，海外并购、报团出海及产业链延伸等合作模式不断涌现，为统筹利用两个市场、两种资源逐渐搭建起完整的产业链条。但是，新冠肺炎疫情（以下简称疫情）的全球爆发和持续蔓延严重冲击着我国农业企业国际化的进程，在带来全球经济衰退等负面影响的同时，也给我国农业企业走出去提供了新的机遇和挑战。面对疫情，继续推动农业企业国际化必须要立足当前新形势与新挑战，统筹谋划，积极开展前瞻性、战略性预判，聚焦制度保障、政策完善、公共服务及科技布局等重点业务，强化后疫情时代的制度、政策、服务及科技四大支撑，不断调整优化农业对外合作路径，推动"一带一路"农业建设持续健康发展，为确保国家粮食及重要农产品有效供给奠定坚实基础。

一、我国农业企业国际化的基本现状

企业国际化是指企业参与国际分工，由国内市场向国际市场发展演变，由国内企业发展为跨国公司的过程。农业企业国际化与农业走出去密切相关，其内涵和外延在不断发展，一般包括农产品国际贸

注：本文系《我国农业企业国际化的模式选择和战略路径研究》课题研究成果节选，课题主持人：张学彪，单位：中国农业科学院农业信息研究所，课题参与人：曲春红、梁丹辉、计晗、张丛林、苏利阳、原婷、刘鸿雁。课题组承诺本成果严格遵守了相关学术研究道德规范。

易、农业对外援助、农业资源开发及对外直接投资等。本文界定在农业企业国际化的狭义概念，即农业对外投资或农业走出去。作为国家"走出去"战略的重要组成部分，农业走出去是我国农业积极应对经济全球化趋势，主动参与国际分工，充分利用两个市场、两种资源，有效规避贸易保护主义风险的重要举措。2007 年，中央 1 号文件首次提出要加快实施农业走出去战略。随着我国农业对外直接投资的不断增长，农业企业国际化获得持续快速发展，并逐渐表现出以下特征。

（一）农业对外投资规模不断扩大

据商务部统计，自我国实施农业"走出去"战略以来，我国农业对外投资规模持续增长，2016 年农业对外投资流量增至历史最高点，即 32.87 亿美元，比 2006 年增长 16.8 倍，近两年略有下滑，2019 年降至 24.4 亿美元，农业对外投资存量达 196.7 亿美元。由于农业对外投资流量的快速攀升，使农业占我国对外投资总流量的比重持续增长，由 2006 年的 0.87% 增至 2019 年的 1.79%。表明农业较其他行业对外投资保持较快增长势头，但仍然偏小。

（二）农业对外投资主体日益多元

据农业农村部统计，2019 年在境外设立的 986 家农业企业中，由民营企业设立 909 家，占绝大多数，国有企业设立的仅有 77 家。虽然民营企业平均投资流量和存量分别为国有企业的 4.4% 和 13.0%，但民营企业海外投资受限较少，经营灵活性更高，正成为农业对外投资的主力军。但是，由于国有企业相对更容易得到融资等支持，其在农业对外投资中仍占主导地位。

（三）农业对外投资区域较为集中

据农业农村部统计，截至 2019 年底，我国农业对外投资覆盖全球六大洲的 106 个国家或地区，主要集中在亚洲和大洋洲，投资存量分别占 38.8％和 30.2％。此外，欧洲、南美洲、非洲和北美洲分别占 20.2％、5.8％、4.0％和 1.1％。自 2016 年起我国对亚洲农业投资有下降趋势，对欧洲则出现增长，但 2019 年对亚洲投资流量占比高达 76.9％，表明亚洲尤其是东盟仍是我国农业对外投资的核心区域。

（四）农业对外投资领域趋于多样

我国农业对外投资已从最初的远洋捕捞发展到多个行业和领域，包括粮油作物种植、畜禽养殖、农产品加工、仓储和物流体系建设、森林资源开发与利用、水产品生产与加工、农村能源与生物质能源等。据农业农村部统计，2019 年种植业和畜牧业对外投资存量占比分别为 48.5％和 9.4％，种养业仍是农业对外投资的主要领域，同时，农产品加工等其他产业也在快速增长。

二、新冠肺炎疫情对农业企业国际化的影响

研究表明，影响企业国际化的因素包括外部和内部两个维度，其中外部因素包括市场、制度、资源、产业和其他等五个具体层面，内部因素则包括企业自身特征和企业的战略选择等两个层面。新冠肺炎疫情的爆发冲击了企业国际化的外部环境，对农业企业走出去造成了综合性影响，既包括对市场、制度、产业等外部因素的影响，还有企业自身战略的适应性调整等内部影响，并且这种影响还在持续当中。

（一）负面影响

全球经济衰退恶化了企业国际化的外部环境。疫情的爆发及全球蔓延对全球经济造成较大负面冲击，由于疫情持续时间及各国政府干预政策的不确定性，2020 年上半年全球外国直接投资（FDI）流量大幅下滑，比上年同期下降 49％，跨国公司全年收益平均下降幅度预计为 40％，部分行业陷入亏损[①]，农业企业国际化的步伐受到严重影

---

① UNCTAD. World Investment Report 2020. 16 June 2020，New York.

响。根据国际货币基金组织（IMF）2020 年 10 月的预测，2020 年世界经济增速将降至 -4.4%，为 20 世纪 30 年代大萧条以来最严重的经济衰退。疫情在一定程度上动摇了经济全球化的政治基础，由发达国家主导的经济全球化模式正发生萎缩和蜕变，全球经济衰退的前景让跨国公司开始重新审视新的投资项目，我国企业国际化也需要进行重新评估和考量。

欧美等国家和地区提高外资审查门槛造成了制度障碍。疫情期间，为防止国外企业趁机抄底收购本国关键资产和技术，2020 年 3 月底以来，欧盟、澳大利亚、美国、印度等 9 个国家或地区均出台投资相关新规定，限制外资收购行为，如欧盟委员会规定，如果外国投资者收购或控制一家公司会威胁成员国的安全或公共秩序，成员国可采取措施防止该外国投资者收购或控制该公司。意大利则将限制境外资本收购法律应用范围扩大至食品、金融、保险和医疗领域，并加强监控和处罚力度。加拿大、美国等国家也均提高外国投资审查门槛，扩大审查范围并强化对违反规定的处罚。因疫情带来的制度改变将极大影响我国农业企业国际化的进程。

欧美外资限制举措针对中国的意图明显。在全球经济衰退背景下，通常做法是放宽外资限制、鼓励资本流入，以刺激国内经济和就业增长。然而，此轮立法修订加强外资审查，甚至限制外资流入，值得高度关注，尤其是这些举措针对中国的意图明显，欧盟、印度等均将外资审查指向中国或国有企业，借疫情强化对中国投资的审查力度。如欧盟成员国相互间的投资并不受限，限制政策仅对非欧盟国家有效。加拿大政府声明中特别强调对所有来自国有企业的外国投资，或被认为与外国政府有密切关系的个人投资者均需进行严格审查。欧美国家借疫情推动的针对中国的立法修订将严重影响新时期我国对外投资的国际环境，需要警惕的是，此举很可能引起全球范围内的连锁反应，并形成以中国为主要对象的打压、遏制或对抗局面，我国对外投资将面临突围或转型。可以判断，疫情之后全球范围内的对抗性科技竞争以及由此引致的外溢效应，都将对我国企业国际化产生不利影响。

种族主义、排外情绪蔓延可能导致投资风险的上升。受疫情影响，除一般性防疫措施外，部分国家还重现排外主义倾向，出现了针对特定地区、特定国家或特定人群的歧视，个别地区还上升到种族主义层面。这加深了世界分裂和阻隔，也增大了各国间产生矛盾和误解的可能性，使世界走向了全球化和全球治理协调机制的反面。后疫情时代，这些在疫情中蔓延的种族主义、排外情绪等可能导致我国企业海外投资风险上升，或在投资中面临更多来自当地社区居民、非政府组织、劳工组织、媒体和普通民众的阻挠。

（二）积极因素

疫情期间，我国采取了最为严格的疫情防控举措，并取得了巨大成功，疫情在对我国农业企业国际化带来冲击的同时，也同步出现经济增长转正等积极因素，这些因素将为我国农业企业国际化提供坚实支撑。

中国经济增长恢复态势明显。由于疫情防控有力、效果显著，我国经济稳中向好的基本面没有变，据国家统计局数据显示，2020年前三季度国内生产总值同比增长0.7%，实现有由负转正。其中，一季度同比下降6.8%、二季度增长3.2%、三季度增长4.9%。国际货币基金组织（IMF）也在逐步调高中国经济增长预期，由年初的1.2%调高至10月份的1.9%，表明国际社会对中国经济恢复和增长的信心。同时，由于采取淡化疫情的应对方法，美国经济增长的预测由-5.9%调至 -4.3%。国家经济增长的恢复态势有利于更好地吸引外资，并为企业国际化发展奠定坚实的国内基础。

企业国际化的内循环基础性地位得到巩固。企业国际化包括内向国际化和外向国际化两个层面，除通过出口、海外建厂、跨国并购等形式将企业市场拓展到海外之外，还包括进口、购买技术专利、国内合资经营等企业行为，综合涵盖资源、人才、资本及技术的全球性或区域性拓展和融合。疫情发生后，虽然2020年上半年全球外国直接投资大幅下降，但流入中国的 FDI 同比下降幅度仅为 4%，受中美经贸摩擦和疫情等因素影响相对较小，我国经济发展表现出较强韧性。因此，疫情期间有利于技术、人才、资本等要素的内向国际化积累提升农业企业的国际经验，夯实国内大循环的主体地位，更好地推动形成国内国际双循环相互促进的新发展格局。

我国对"一带一路"沿线国家投资保持稳定。疫情期间，我国企业对外投资保持平稳运行。据商务部统计，2020 年 1—9 月份我国对外非金融类直接投资同比略降 0.6%，但对"一带一路"沿线国家非金融类直接投资同比增长 29.7%。表明中国与"一带一路"沿线国家经济互补性强，经贸合作的韧性和潜力巨大，企业对外投资活动受疫情影响较小。此外，亚洲尤其是东盟一直是我国农业对外投资的核心区域，2019 年对亚洲农业投资大幅增加，其中对印尼投资流量达 50.91 亿美元，占比高达 64.2%。因此，虽然疫情冲击了我国企业的国际化发展，但是也给农业企业应对疫情指明了方向，"一带一路"沿线国家尤其是东盟仍将是我国农业企业国际化的重要区域。

农业领域受疫情影响相对较小。据联合国粮农组织（FAO）研究表明，在 2008—2009 年全球经济危机期间，农业等对商业周期相对不敏感的行业受危机影响较小，且被认为是应对危机的缓冲器，对稳定就业和维持生计做出重要贡献。面对新冠肺炎疫情，我国农业海外投资的项目人员派遣、农用物资出境、境外产品返销等方面均遭受较为严重的阶段性影响。但是，整体来看，农业行业受疫情影响相对较小且阶段性特征明显，2020 年 5 月份全球农林渔业领域跨国企业盈利降幅最小，远低于其他行业，仅下降 1%[①]。2020 年以来，由于洪涝干旱、草地贪夜蛾及蝗虫等灾害事件频繁发生，并冲击农产品市场，各国确保粮食安全面临多重风险和挑战，农业企业国际化也面临着新的机遇和挑战。

---

① UNCTAD. World Investment Report 2020. 16 June 2020，New York.

三、后疫情时代促进农业企业国际化的政策建议

当前，我国农业企业国际化水平仍处在初级阶段，随着疫情对全球经济的影响持续加深，并从短期延伸到中长期，农业企业国际化要提前布局，统筹推进农业走出去的风险应对及路径优化，逐步加强"一带一路"沿线国家或地区农业投资与合作，稳定并完善重要农产品海外贸易渠道和链条，增强农业企业统筹利用两个市场、两种资源的能力。

（一）认清新形势，增强企业国际化的主动性

高度重视疫情下各国投资政策及相关制度调整的突发性、快速性及复杂性特征，及时评估不同政策调整对我企业国际化的影响。充分利用农业外交官制度，推动企业与目标国政府及各类组织的联系，系统研究目标国的经济、政治、社会、文化等状况并评价疫情的可能影响，预判涉农投资政策或制度调整动向，并制定相应的应急预案。强化农业对外合作部际联席会议制度功能，主动谋划、提前布局，构建应对后疫情时代的农业走出去保障体系，树立确保国家粮食等重要农产品有效供给和贸易链条稳定安全的战略目标，从政策、技术、贸易、投资及标准等全方位推动后疫情时代农业企业的国际化发展。

（二）探索新途径，完善适用中长期的政策体系

要深刻认识疫情对经济全球化的各种影响，尤其是对现行国际经济理论和规则秩序的冲击，加大新形势下农业对外合作政策体系及时调整的力度与强度。围绕后疫情时代农业国际化战略需求，夯实理论深度，加强战略研究，跟踪监测疫情期间国际政治经济动向，进一步完善国家外交、财政、金融、保险、检验检疫等政策体系，把与联合国粮农组织等国际机构的机制性合作纳入政策范畴，并针对"一带一路"沿线地区尤其是东盟等重点区域制定特殊支持政策，稳步提升政策体系的应急性、国际性、适应性和长期性，确保各项政策综合发

力，切实长期支撑农业企业国际化的各类工作。

（三）打造新模式，完善海外公共服务和中介组织体系

完善的海外公共服务体系是发达国家掌控全球农业资源和维护国际竞争力的基础。要充分发挥农业对外合作部际联席会议制度作用，主动设立海外农业投资与贸易促进相关机构，分阶段、分步骤地从信息服务、行业协会、企业培育、市场工具等方面逐步建立健全符合自身利益的海外农业公共服务体系，统筹协调外交与农业对外投资、税务、贸易、援助、谈判等事项。健全海外信息采集网络，将海外信息采集与农业外交官派驻、多双边协定、农业技术援助以及农业科技全球布局有机结合，持续搜集、分析、发布农业跨国投资贸易等系列信息。打造海外农业研究智库平台，为跨国经营提供更多、更具针对性、更为具体的咨询服务。参与和影响国际规则制定，更有效地服务国家农业对外战略，为落实"一带一路"重大倡议奠定坚实基础。

（四）培育新优势，推动农业科技合作的全球布局

要充分发挥科技先行对后疫情时代农业企业国际化的重要支撑作用，统筹研究和谋划农业科技全球化战略布局网络，加强对生物技术、基因编辑等农业新兴和交叉学科领域的战略科学态势监测，揭示全球农业研究重点领域、前沿热点的发展态势与竞争格局，剖析未来产业化方向及市场潜力，引导并培育农业企业国际化发展的竞争优势。跟踪研究粮棉油糖肉蛋奶等重点品种产业发展和海外布局，积极推动与主产国、主要贸易国的农业科技合作与交流，率先建立起相应的科技合作网络，并与农业企业联合开展海外调研与培训等业务，促进各类信息的共建共享。

村庄基础设施建设与管护机制研究

毛世平

2020 年是全面建成小康社会目标实现之年，2020 年中央 1 号文件明确提出"对标全面建成小康社会加快补上农村基础设施和公共服务短板"。习近平总书记强调，"实施乡村振兴战略，要增加对农业农村基础设施建设投入，加快城乡基础设施互联互通"。加强村庄基础设施建设是顺应亿万农民对美好生活期盼的重要决策，也是实施乡村振兴战略的重要内容。近年来，伴随乡村振兴战略的逐步推进与落实，村庄基础设施建设取得了较为迅速的发展，但总体来看仍面临着法律法规支撑薄弱、总体规划协调性较差、资金投入不足、评估管护水平低、农民主体地位发挥不充分等问题。完善村庄基础设施建设与管护机制的研究对尽快补齐乡村建设短板意义重大，同时，对于农村地区的疫情常态化防控也非常迫切。本研究首先梳理了近年来我国村庄基础设施建设及管护的现状与存在的问题，然后通过案例分析法探究了典型发达国家（美国、德国、日本、韩国）在村庄基础设施建设与管护方面的举措，并总结分析了国内典型省市（北京、浙江、江苏、甘肃、四川）村庄基础设施建设与管护的机制和模式，为我国完善村庄基础设施建设与管护提供国际、国内经验借鉴。基于以上研究，最后提出完善我国村庄基础设施建设及管护机制的政策措施。

注：本文系《村庄基础设施建设与管护机制研究》课题研究节选，课题主持人：毛世平，单位：中国农业科学院农业经济与发展研究所，课题参与人：吴敬学、项诚、王晓君、林青宁、马红坤、孙立新、金晔、杨艳丽、李慧泉。课题组承诺本成果严格遵守了相关学术研究道德规范。

一、我国村庄基础设施建设及管护现状和存在的问题

(一) 村庄基础设施建设现状

完善村庄基础设施建设是实现农村生态宜居的"必要条件"。近年来,我国对村庄基础设施[①](道路、物流、卫生厕所、垃圾与污水处理、医疗、教育等)建设投入不断增加,村庄基础设施的建设覆盖范围和普及率有较大提高,村庄的人居环境得到改善。

1. 村内道路建设长度增速放缓,建设面积与硬化率不断提高。 2014—2017 年,我国村内道路建设长度从 2.34 万公里增长到 2.85 万公里,建设面积由 1.85 万平方千米增长到 1.95 万平方千米。村内道路长度新增率呈现放缓趋势,(由 4.32% 下降到 4.22%),但面积新增率与硬化率不断攀升(分别由 4.15% 上升到 5.20%;由 29.92% 上升到 41.43%)。表明随着村庄基础设施建设进程的推进,村内道路建设覆盖范围与建设质量不断提升。实际调查发现,截至 2017 年底,四川省村内道路建设累计完成投资 1 636 亿元,新改建 13.1 万公里,村庄公路总里程达 28.2 万公里,新增 312 个乡镇和 15 456 个建制村通硬化道路。

2. 村庄邮政快递网点基本覆盖,冷链物流设施仍是短板。 截至 2018 年底,全国 24 个省份实现全部建制村直接通邮,全国建制村直接通邮率超过 98.9%;全国 22 个省份实现乡镇快递网点全覆盖,全国乡镇快递网点覆盖率达到 92.4%。但全国村庄冷链物流设施建设仍是短板,目前我国综合冷链流通率仅为 19%,远落后于美、日等发达国家冷链流通率 85% 以上的水平。近年来,全国各省市加大了对农村冷链物流建设的重视程度,例如,2020 年四川省出台《关于做好农产品仓储保鲜冷链物流领域补短板项目储备库建设工作的通

---

① 本项目研究对象主要涉及非生产类村庄基础设施,包括农村村内道路、物流、卫生厕所、垃圾与污水处理、医疗、教育等村庄基础设施。

知》，提出要在特色农产品优势区和生鲜农产品主产区，选择一批重点村，支持配备农产品分拣分级、预冷包装、烘干脱水等商品化设施设备，建设仓储保鲜设施，从源头解决冷链物流"最先一公里"问题。

3. 卫生厕所设施普及率提高，农民生活质量改善。 2015 年我国在农村开展厕所革命以来，村庄卫生厕所的覆盖范围进一步提高，村居民生活环境有效改善，身体健康得到了保障。2018 年全国完成村庄改厕 1 000 多万户，农村改厕率超过一半，其中六成以上改成无害化卫生厕所，到 2020 年全国村庄卫生厕所普及率将达 85% 左右。浙江省村庄厕所改革走在全国前列，自 2003 年起，浙江省就将村庄厕改纳入了"千万工程中"，截至 2018 年底，浙江全省村庄卫生厕所普及率达到 99.65%，无害化卫生厕所普及率达到 98.55%，基本实现村庄卫生厕所全覆盖。

4. 垃圾与污水处理能力提升，村庄生态环境整洁优化。 全国生活垃圾得到处理的行政村比例从 2012 年的 29% 提高到 2018 年的 80%，2020 年全国农村生活垃圾处理率预计达到 90% 以上。生活污水全部或部分得到处理的行政村比例从 2012 年的 7.7% 提高到 2018 年的 30% 以上，农村饮水安全问题基本得到解决。浙江是全国首个全面开展农村生活污水治理的省份，2019 年浙江全省 90% 以上的村（共 23 753 个）建成了农村生活污水处理设施，其中 20 465 个村的处理设施已经运行，82 个县（市、区）委托专业的第三方运维单位对村生活污水处理设施进行维护。

5. 医疗设施覆盖范围提高，村庄医疗条件提档升级。 我国村内医疗卫生设施的建设不断更新、升级，村卫生室的个数从 2014 年的 64.55 万个下降到 2018 年的 62.20 万个，但设置卫生室的村占行政村比例呈上升的趋势，由 2014 年的 93.3% 上升到 2018 年的 94%。村医疗卫生服务设施不断完善，2018 年每千名农村人口乡镇卫生院床位达 1.39 张，每千名农村人口乡镇卫生院人员达 1.45 人。数据反映出我国村庄公共医疗的普及率增加。2019 年，江苏省在全国率先试点建设农村区域性医疗卫生中心，并于 2020 年完成基本建成 80 个农村区域性医疗卫生中心的目标，以引导医疗卫生工作重心下移、资源下沉，进一步推动乡镇卫生院建设提档升级。

（二）我国村庄基础设施建设与管护存在的问题

虽然近年来我国村庄基础设施建设取得了很大进展，但村庄基础设施建设与管护过程中暴露出了一些问题，主要包括：法律法规支撑薄弱，管理制度"政出多门"；总体规划协调性不足，组织运行机制不健全；建设资金短缺且渠道单一，资金整合能力不足；评估机制运行效果不佳，后期管护重视不足；"自下而上"监督机制缺乏，农民主体地位未发挥等。

1. 法律法规支撑薄弱，管理制度"政出多门"。第一，我国缺乏专门的法律规范村庄基础设施建设与管护。其中，基础性的法律如《农业法》《城乡规划法》，规定比较笼统，缺乏有针对性的规定；《村庄和集镇规划建设管理条例》（1993）已经远远落后于村庄现实发展需要，亟须修订和完善。第二，村庄基础设施建设的管理规定多出于政策文件①，缺乏具体规范细则和质量标准，且政出多门，存在重叠和缺位。

2. 总体规划协调性不足，组织运行机制不健全。第一，当前我国村庄基础设施建设规划和城市之间协调性较弱，导致城乡基础设施建设严重脱节，不利于统筹城乡交通运输连接、污染物收运处理体系等基础设施建设。第二，村庄规划建设管理机构不健全，管理人员水平较低，导致编制的村庄规划不能得到有效实施。第三，乡村领导受任期制和政绩驱动往往重视短期效益，急于求成，盲目"大拆大建"。

3. 建设资金短缺且渠道单一，资金整合能力不足。第一，我国村庄基础设施建设资金主要以政府资金为主，其中，混合型的村庄基

---

① 《"十三五"西部和农村地区邮政普遍服务以及全国邮政机要通信基础设施建设工作方案》《国家发展改革委关于加强村庄基础设施建设扎实推进社会主义新农村建设的意见》等。

础设施建设应由利益相关者承担，但由于市场进入退出机制不完善，投资环境有待改善，企业顾虑较大，难以吸引优质的中长期投资者参与，建设资金投入不能满足村庄实际需求。第二，村庄基础设施资金管理不规范，存在资金多头化管理、挪用占用情况。另外，财政支持资金使用不平衡，财政资金主要以项目形式下拨，较小的农村工程很难得到财政支持。

4. 评估机制运行效果不佳，后期管护重视不足。第一，我国村庄基础设施建设评估"重量轻质"，着重评价投入资金数量、新建公路公里数、网络和电视普及率等数量指标，对基础设施的工程质量和使用效率则较少关注。第二，政府既主导建设又主导评估，而第三方评估尚未形成制度和规范，削弱了评估的客观性和有效性。第三，设施建设完成后的项目绩效考核通常只涉及资金投入、工程量完成情况等表观印象，对设施运行后的使用、管护情况基本不涉及，导致村庄基础设施"建有人、管无人、护缺人"成为普遍存在的问题。

5. "自下而上"监督机制缺乏，农民主体地位未发挥。第一，农村基层组织建设不完善，缺乏政策引导以及动员农民力量投入基础设施建设与管护的能力，导致农民凝聚力不足、对村庄基础设施的关心度较低；第二，由于基层组织管理能力不足，前期村庄基础设施建设规划缺乏对农民意见的采集，项目实施过程中缺少农民监督机制，"自下而上"的民主机制设计没有打通，导致基础设施建设与农民实际需求不契合，削弱了农民参与的积极性。

二、村庄基础设施建设和管护的国际、国内典型经验

通过探究典型发达国家（美国、德国、日本、韩国）和国内典型省市（北京、浙江、江苏、甘肃、四川）村庄基础设施建设与管护成功经验，为我国完善村庄基础设施建设与管护提供经验借鉴。

（一）国际典型经验

通过比较研究发现，典型发达国家（美国、德国、日本、韩国）

通过制定完备的法律法规，并不断修改完善以适应村庄发展；强化财政资金支持引导，引导社会资金投入；构建"建养一体化"运行机制；坚持农民主体地位，建立农民全过程参与机制等方面的举措，促进本国村庄基础设施建设与管护。

1. 系统制定法律法规，并不断修改完善以适应村庄发展。美国村庄基础设施建设的法律体系不断更新和完善，自 1933 年颁布《农业法案》来，经过近 90 年的修订与扩充，形成了以《农业法案》为中心、上百部重要法律相配套的农村发展法律体系。德国政府从农村土地整理、建设规划、基础设施方面制定了完备的法律法规体系，约束德国"乡村型空间"的发展规划设计、农业用地上的各项建设活动等，为村庄基础设施建设与管护提供标准；日本相继制定了《农林水产活力创造计划》《农林渔业金融公库法》等法律法规，从日本村庄基础设施建设的目标、实施细则、金融投资及设施管护等不同方面做出了具体细致的规定及指示。

2. 强化财政资金支持，引导社会资金投入。美国村庄基础设施建设和管护的资金由政府及各类市场主体共同承担，主要来源于税收、政府债券、向国外政府和国际金融组织的借款、国有企业自有资金等方面。德国村庄基础设施建设和维护资金主要来源于欧盟、国家、州政府，其中欧盟层面的财政补贴通过设置农业保障基金和乡村发展欧洲农业基金的形式对农民进行直接财政支持，德国政府以财政补贴和贷款方式对农村基本建设工程给予资助，并且对基础设施进行分类（根据不同类型给予不同补贴额），联邦、州分别出资60％和40％，通过区域支付当局至最终受益主体。韩国政府设立了私营企业信用担保机构，以吸引私人投资村庄基础设施建设与管护，扩大私人投资村庄基础设施的信用担保限额和范围，为私营企业投资村庄基础设施建设拓宽融资通道，同时鼓励农村金融机构开发新型农村金融产品支持村庄基础设施建设。

3. 构建村庄基础设施"建养一体化"运行机制。美国的村庄基础设施建设与管护组织运行机制主要包括科学计划、民主决策、公开招标和严格监管四个方面。政府在严格评估与测算的基础上，制定出科学投资预算计划书，然后经严格审议或公民公开投票等程序批准投资计划，投资计划被批准后，面向全社会进行设备和施工招标，并由政府有关部门对政法预算执行情况进行严格监管。项目完成后，基础设施也会有相关部门或单位进行维护和管理。日本政府在村庄基础设施建设的组织决策初期主要以政府为主导，"由上至下"地进行了一系列建设活动，进入中后期以后，逐渐转变为"自下而上"的方式组织村庄建设，部门间重视分工合作。各地都道府县及市町村根据自身情况自主制定农业振兴区制度，成立专业的村庄基础设施建设与管护的管理组织，主要承担区域内村庄基础设施建设项目的申请、规划、实施和管护等工作。

4. 坚持农民主体地位，建立农民全过程参与机制。德国村庄基础设施建设规划过程是典型的"自下而上"公众参与型，乡村规划师十分注重保护居民利益和平衡各种相关利益，通过引导公众深刻理解村庄建设的目标，进而提出自己的建议和利益诉求，并积极全方位参与村庄建设。韩国的村庄基础设施建设采取"自上而下"与"自下而上"相结合的工作方式，注重调动农民的主观能动性。项目选择上，在国家给定的建设项目范围内，农民通过邻里会议和村民大会，根据自身需要进行讨论和选择，并完善项目执行的各项细则，交上级政府部门批准，建立起政府和农民的沟通渠道；项目投资上，建立政府、农民、企业的共同投资机制；基础设施管护上，农民和私营公司成为主要管护主体，政府则负责标准制定和监管，从而变管理者为合作者，充分赋予农民自主选择权与需求传达渠道。

（二）国内典型经验

根据调研发现，国内典型省市（北京、浙江、江苏、甘肃、四川）形成了完善的村庄基础设施建设机制和具有地区特点的建设模式。

1. 村庄基础设施建设与管护机制。国内典型省市（北京、浙江、江苏、甘肃、四川）形成的村庄基础设施建设与管护机制主要有：高位推动、统筹推进的组织管理机制，因地制宜、层级明确的标准制定机制，财政支持、社会参与的投融资机制，标准规范、督导合理的验收机制，政府主导、市场和农民参与的管护机制。

（1）高位推动、统筹推进的组织管理机制。典型省市坚持统一领导、规划先行、落实责任主体，把村庄基础设施视作"一盘棋"，整体推进其建设管护工作。浙江省始终坚持高位推动村庄基础设施建设工作，形成了省党委和政府"一把手"亲自过问制，并成立各级领导小组，每年召开省级高规格的现场推进会议；统筹发挥各级农业部门的协调作用，明确责任分工；注重规划先行，制定《浙江省乡村振兴战略规划（2018—2022年)》，提出推进村庄"四好公路"全覆盖、电网改造升级、开展数字乡村建设、提高教育医疗等公共服务水平。北京市政府成立了由市委书记任组长，市委副书记、市长为副组长的市委农村工作领导小组，以问题为导向统筹推进村庄基础设施建设工作，系统解决农村的道路硬化与绿化、水管老化、污水处理、垃圾分类、生态环境改善等问题。

（2）因地制宜、层级明确的标准制定机制。通过建立灵活、完善的村庄基础设施建设标准体系，能够有效解决村庄基础设施建设中的技术盲目选用的问题，充分保证村庄基础设施建设质量。浙江省为推动村庄基础设施建设"有标可循"，制定了《美丽乡村建设规范》(2019)，对浙江省村庄基础设施（道路建设、电气信息化建设）、环境卫生（水体清洁、农村厕所改造）等方面制定了详细的建设标准，将衡量村庄基础设施建设标准的指标分类为否决性指标、基础性指标和发展性指标，使村庄基础设施建设标准更加科学合理。江苏省邳州市根据省制定的乡村建设规范标准，结合本市乡村空间治理经验，广泛征求专家意见，完善村庄基础设施建设标准的内容和结构，形成了《乡村公共空间治理规范》(2019)，该文件成为江苏全省的乡村空间治理的技术规范。四川省制定《农村生活污水处理设施水污染物排放标准》(2020)，明确了不同规模、不同功能区、不同处理模式的农村生活污水处理设施污染排放标准，以减少盲目建设造成的浪费，补齐农村生活污水治理短板。

（3）财政支持、社会参与的投融资机制。典型省市在村庄基础设施建设的资金筹集方面形成了财政支持、社会参与的机制。自 2003 年浙江省实施"千万工程"以来，资金投入超过 1 800 亿元，逐步形成了"本级财政奖补、上级单位争取、部分投入整合、受益群体自筹、集体经济补充、社会捐赠赞助"的多元化投资格局。同时，政府发挥撬动作用，鼓励社会资金参与村庄基础设施建设，引导村庄基础设施建设与休闲旅游、特色产业相结合，提高创收能力。甘肃省政府建立了主体多元化的村庄基础设施建设与管护的投融资机制，通过稳定增加财政投入、推广社会资本与政府合作、调动人民积极性、发挥金融资本的作用等方式拓宽融资渠道，优化投融资模式。2018 年甘肃省政府除安排村庄基础设施建设与管护的财政专项奖补资金外，还向甘肃省分行、省农村信用社、甘肃银行、兰州银行等金融机构安排专项贷款，多渠道筹措资金用于改善村庄基础设施建设。

（4）标准规范、督导合理的验收机制。村庄基础设施的验收机制直接影响村庄基础设施的质量和使用年限，典型省市建立了规范的验收标准及科学的验收程序。一方面，制定完善的验收标准。江苏省 2018 年出台《江苏农村人居环境整治三年行动实施方案》，明确农村生活垃圾污水治理技术、施工建设、运行维护等标准规范；根据排水方式、排放去向等，分类制定农村生活污水治理排放标准；加强考核验收督导，将农村人居环境整治工作纳入政府目标考核范围，严格按照时间节点做好验收考核工作。另一方面，建立了科学有效的验收程序；江苏省严格验收程序，项目工程竣工后，辖市区农经和财政部门根据工程进度深入项目点，对照工程质量要求开展验收，对验收发现的问题及时责成施工单位整改。

（5）政府主导、市场和农民参与的管护机制。科学有效的村庄基础设施推进机制中必须要有完善的管护机制，典型省市探索建立了政府主导、市场和农民参与的管护机制。一是落实资金保障方面。多地建立了多元村庄基础设施管护投资机制，如江苏省徐州市坚持财政投资、村集体投资、社会捐资一起上。二是细化管护标准方面。徐州市印发了《农村公共服务运行维护工作指南》，结合行业规定和管护实践，明确项目管护要求，做到管护有标准、考核有依据。三是建立"群众自治＋市场化运行"的管护机制。根据管护工作性质进行分类管护，对于专业性强、涉及范围和领域广的管护工作则进行市场化管护。对适宜群众自管的工作，积极发动群众，如组织发动农民投工投劳，对河堤、道路等基础设施进行定期义务管护。甘肃省以行政村为单位组建了村级公益性设施共管共享理事会，设置了公益性岗位，由公益性岗位人员负责管护村组道路、村内巷道等。

2. 村庄基础设施建设与管护的典型模式。国内典型省市（北京、浙江、江苏、甘肃、四川）结合自身实际，探索形成了一些可复制可推广的典型模式。主要包括：道路建设与产业发展相互带动、人居环境改善与乡村旅游相互促进、电子商务与扶贫助农相互结合、水利设施建设与脱贫攻坚相互推动、生态建设与乡风文明相互融合模式。

（1）道路建设与产业发展相互带动。四川省苍溪县把"交通先行"作为推动乡村产业发展突破口，一是通过"以路为轴"布局产业大棋盘，苍溪县坚持"以路兴产、以产拓路，路产融合"，以道路为骨架、沿苍剑县、苍巴县等四大主轴，统筹规划红心猕猴桃、中药材、健康养殖"三个百亿产业"。二是"以路为纽带"促进现代农业产业园区和农业园建设融合，建设万亩亿元现代农业园区 18 个、千亩现代农业园区 66 个。三是"以路为媒"带动多元主体发展等方式助推地方产业发展，引进和培育猕猴桃产业龙头企业 7 家、专业合作社 124 家，贫困户新建家庭农场 56 家，建成加工园区 3 个。

（2）人居环境改善与乡村旅游相互促进。四川省苍溪县坚持"一景一路，一路一品"和美丽乡村建设理念，着力把人居环境改善作为乡村旅游发展的基础性、重点工程加以推进。一是开发生态旅游，充分依托当地丰富的山水生态资源优势来促进旅游业的蓬勃发展。二是开发民俗旅游，以人居环境改善的乡村社区为活动场所，以乡村独特的生产形态、生活风情和田园风光为对象来助推民宿旅游业的开发。三是开发红色旅游，整合教育、旅游、宣传等资金，沿红军渡、文昌等县内红四军战斗遗址，打造红色文化教育旅游环线。实现人居环境和乡村旅游长效双向促进。

（3）电子商务与扶贫助农相互结合。甘肃省会宁县以实现"农产品上行"为目的，建立了京东会宁扶贫馆等一批优秀的会宁农产品网销平台，实现了网络经济与实体经济的深度融合，让社会力量参与到会宁的扶贫助农中。一是电商企业与各乡镇的农民合作社、扶贫车间全面合作，对农村电商服务站点进行代运营或培训，为贫困户的初级农产品提供了网销渠道，使得当地农特产品实现了网销。二是通过电商企业招工来带动贫困人口就业。会宁县电商企业发货、包装全部都是雇佣贫困户的零工，能够提升贫困户的收入水平。三是开展电子商务培训。让学员知电商、学电商、做电商，开阔学员的电子商务视野，服务好脱贫攻坚和乡村产业发展。

（4）水利设施建设与脱贫攻坚相互推动。四川水利以脱贫攻坚为第一要务，将饮用水设施向贫困地区倾斜，有效破解了"因水不稳、因水不兴、因水致贫"发展困局，成功走出了一条贫困地区"治水促脱贫、兴水奔小康"的发展新路子，为四川全省脱贫攻坚提供了坚强的水利支撑和保障。一是遵循"集中为主、联户为辅、分散补充"的工作思路，采取新建、扩建、改造、联网等措施，精准到户到人，建立起"从源头到龙头"的供水安全工程体系，解决贫困地区饮水安全。二是将灌溉用水体系建设、农田水利建设向贫困地区倾斜，凸显水利精准扶贫。三是大力实施产水配套行动，完善贫困地区"塘、池、堰、渠配套，蓄、引、节、灌结合"的用水保障体系。

（5）生态建设与乡风文明相互融合。北京市顺义区北小营镇坚持将生态建设与乡风文明建设相互结合的模式作为推动镇域经济社会全面发展的重要手段。一是多措并举优化人居环境；积极开展环境综合整治，清理箭杆河河道淤泥，确保河道无污水排放，塑造街道绿化景观，增种绿植。二是以乡村振兴二十字方针为目标，以农耕文化中

勤、俭、廉为民风载体，编撰村规民约，建设村史馆，打造群众看得见、摸得到的文化。三是发展文创产业，积极尝试文化＋旅游的发展之路；利用原有老旧厂房，将农耕文化和水稻体验创意融入传统产业，打造农耕文化园。

三、政策建议

基于对我国村庄基础设施建设与管护现状及存在问题、村庄基础设施与管护国内外典型经验的分析，提出以下政策建议。

（一）立足村庄实际发展需求，不断健全政策法规体系

发达国家村庄基础设施建设和管护的法律体系完备且适时迭代更新。加强我国村庄基础设施方面的法制化建设须作为乡村振兴和农村可持续发展的重要工作常抓不懈，尽快制定、修改完善适应时代发展的村庄基础设施投资、建设、管护方面的政策法规。此外，针对我国各地禀赋结构不同的现状，要给予各地一定的自由裁量权，地方政府应根据实地情况配套出台内容细致可量化的地方性政策，增加政策和制度的可操作性与针对性，为我国村庄基础设施建设与管护提供政策保障。

（二）加强村庄规划编制，整合部门管理资源

中央和地方层面须分别建立部门协作的村庄基础设施统筹领导小组，牵头负责村庄基础设施建设的组织实施、统筹调度、督促指导。村庄基础设施规划应充分考虑各地经济发展、农民收入增长等客观因素以及长期的基础设施需求状况；要在广泛征求专家、农民意见基础上，对编制的村庄规划进行科学论证，确保规划能够落地实施。同时要将村庄基础设施建设工作列入年度绩效考核，实施动态跟踪考核，把建设成效作为评先评优和各级干部提拔任用的重要依据之一。

（三）强化财政资金引导，建立"财、金、企、农、社"五级一体的投融资体系

中央财政要继续加大对村庄基础设施建设与管护的投入力度，建立分级分类的投资机制，优化财政支出分配结构和资金使用方向，并建立奖补机制，对落实政策成效显著、成绩突出的地方给予增加资金支持、减免地方配套资金等政策鼓励。同时，深化农村金融改革，根据农民和私营企业的投资需求设计新型融资方式和产品，与时俱进适应村庄基础设施的发展需要。此外，大力引入市场竞争机制，加强与私营部门合作。简化审批和项目申报限制、扩大税收优惠、建立风险共担机制等，完善私人资本投资的配套措施。地方政府尤其要做好思想动员和组织发动工作，鼓励农民群众对直接受益的村庄基础设施，通过自筹建设资金、投工投劳的方式参与村庄基础设施建设；广泛动员社会力量，尤其是引导、鼓励外出乡贤积极支持家乡基础设施建设。

（四）强化农民主体地位，建立农民全程参与、监督机制

农民作为村庄基础设施的直接受益主体，应充分尊重农民的意愿，发挥农民的主体作用，将农民的建议纳入到规划、建设、验收、管护各个阶段的评价和监督体系中，把农民满意度纳入主管单位和干部绩效考核范围内，考核监督要起到真正的激励和约束作用，使农民诉求能到真正落到实处，产生实效。鼓励各地因地制宜，建立各类专业协会和民间管理组织，并以此为抓手，组织农民讨论村庄公共基础设施建设和管护相关事务，切实提高农民参与积极性。开设生活生产类讲堂、建设村庄图书馆和文化活动室等设施，培育农民参与民主决策和民主监督的能力，提高农民参与基础设施建设与管护的主体意识。

（五）坚持村庄基础设施"建养并重"，建立"政府＋市场＋农民"三级一体的管护体系

一是要转变"重建轻管"的观念，做到后期管理和维护工作与建

设工作并重，并纳入村庄基础设施建设体系的考核范围之内，定期进行回访。二是要制定细致、明确的管护标准和回访周期，从资金计划、制度奖惩、人员安排上真正落实管护责任，落实监督和跟踪制度。三是要因地制宜积极探索"市场化＋农民自治"的管护方式，村庄基础设施的管护主体依据项目进行分类，对于村集体有能力进行管护的要充分发挥农民筹资筹劳的作用，适当利用规模化经营主体和农业协会的牵头作用，对于技术专业度高的管护项目则外包到专业公司，形成管理规范、运行高效的管护体系。

（六）打造"村庄基础设施＋"模式，实现村庄基础设施建设与乡村振兴有机统一

在村庄基础设施建设过程中，要因地制宜，打造"基础设施＋"模式，实现村庄基础设施建设与乡村振兴有机统一。积极探索"农村公路＋旅游""农村公路＋农业""农村公路＋电商"等模式，把农村公路作为乡村振兴的基础工程、先行工程，打造一批生态路、景观路、旅游路、资源路、产业路，为农村经济社会发展提供有力支撑。同时，完善冷链仓储设施建设，吸引电商企业入驻，使企业与各乡镇的农民合作社、扶贫车间全面合作，对农村电商服务站点进行代运营或培训，为贫困户的初级农产品提供网销渠道。此外，深挖各地村庄的特色和历史，将生态建设与文化建设相结合，多措并举优化人居环境，通过对村庄内厕所改造、污水处理和道路建设等建设工程，打造生态宜居的乡村环境。

我国农村闲置宅基地分类、现状及展望

王玉庭　李哲敏

随着我国工业化和城镇化进程的不断加快，农村闲置宅基地问题日益突出。但现有研究中对闲置定义不全面、不具体，且关注闲置多，关注低效利用少；关注闲置现状多，展望未来少①。我国农村宅基地完全闲置率看似不算高，但低效利用问题突出。当前已接近或正处在宅基地完全闲置率快速提升的重要"关口"，随着新型城镇化的推进、人口流动家庭化趋势增强、农村人口老龄化加重等，未来一段时间，农村宅基地完全闲置率有可能大幅增加。

一、宅基地闲置分类与现状

目前，官方和学界对"闲置宅基地"的界定，尚无明确的定义。国土资源部于 1999 年颁布、2012 年修订的《闲置土地处理办法》（简称《办法》）中，界定了闲置土地的范围，明确"闲置土地是指国有建设用地使用权人超过国有建设用地使用权有偿使用合同或者划拨决定书约定、规定的动工开发日期满一年未动工开发的国有建设用地。已动工开发但开发建设用地面积占应动工开发建设用地总面积不

注：本文系《盘活农村闲置宅基地和闲置农房研究》课题研究成果节选，课题主持人：王玉庭、李哲敏，单位：中国农业科学院农业信息研究所，课题参与人：任育峰、李燕妮、林欣蔚、祁伟彦、王磊、陈琪昇。课题组承诺本成果严格遵守了相关学术研究道德规范。

① 本文以 2019 年 5—12 月课题组组织的对辽宁、江苏、浙江、江西、河南、湖北、广东、重庆、四川、陕西、云南等 11 个省（市）100 个村庄的调研，以及笔者参与的 2019 年农村合作经济指导司组织对 1 355 户农户的入户调查的有关数据为基础进行研究。

足三分之一或者已投资额占总投资额不足百分之二十五，终止开发建设满一年的国有建设用地，也可以认定为闲置土地"。虽然该定义只是针对国有土地，但《办法》的 31 条规定，集体建设用地闲置的调查、认定和处置可参照本办法有关规定执行。对此，地方政府做了积极探索，比较典型的两种认定如下：一种是广西原国土资源厅于 2014 年发布的《关于农村闲置宅基地整治利用的实施意见》中明确指出闲置宅基地是农民房屋闲置或建新房不拆旧房形成的空闲宅基地。另一种是浙江省淳安县于 2011 年发布的《关于加强农村闲置宅基地管理的通知》中认定闲置宅基地是指被村民实际占用面积超过县政府规定标准并可独立使用的宅基地，包括住房、厨房、猪（牛）栏、厕所、庭院、晒场、仓库等占用的土地。但课题组认为被有效利用的超标宅基地不应该认定为闲置宅基地，应该属于乱占宅基地的现象。从学术界看，有学者认为闲置宅基地是指宅基地及其地上附属建筑物空置、废弃和荒废现象，包括两种情况，一种是占而不用，指的是能够用于农民建房的土地，却空置不利用或者低效利用，也可以说是宅基地空置、荒废；另一种情况是建而不住，指的是宅基地上的附属建筑物空置、废弃或者荒废。还有学者认为闲置宅基地就是存在于我国农村，其上有建筑物或无建筑物，因各种原因无法发挥其应有效能的宅基地，包括长期无人居住的闲置和宅基地面积超出标准的闲置。综合以上研究成果，结合笔者大量实地调研，认为按宅基地的闲置程度，大体可以分为完全闲置和低效利用两类。

（一）完全闲置宅基地占比为 10.5%

完全闲置宅基地分为两种情况，第一种是宅基地空闲荒置，指宅基地上没有房子，占而不用，包括批而未建、房屋倒塌等情况。第二种是房屋常年闲置，指宅基地上建有房子，但建而不住，房屋常年无人居住，空置时间超过一年。根据课题组对 11 个省（市）100 个行政村的调查，2019 年宅基地完全闲置率为 10.5%，其中宅基地空闲荒置比例为 5%，房屋常年闲置为 5.5%。从闲置原因看，60% 左右的完全闲置与农民工外出务工有关，30％左右是建新不拆旧（含"一户多宅"），10％左右是历史存量闲置，主要表现为长久以来倒塌的房屋，最典型是祖宅的闲置，这在南方地区较为普遍。如对云南省大理州洱源县江登村的调查，全村共有 417 宗宅基地，完全闲置宅基地共 28 宗，其中百年以上祖宅为 15 宗，祖宅在新中国成立初期土地改革时分配给多家无房居住的贫苦农民，经历几代人，现在通常是 5～10 户家庭共有，由于使用权人数量多，利用形式很难形成统一意见，大多因缺乏修缮而倒塌或将要倒塌。

（二）低效利用宅基地占比为 22.1％

本研究将低效利用分为两类，一是时间上利用不充分，即季节性闲置，统计标准为农户一年之中外出务工时间大于 6 个月，只在春节等节假日回家居住，对 100 个行政村调查显示，目前季节性闲置宅基地占比为 8.1％。二是空间上利用不充分，即部分房屋闲置，统计标准为常住人口少于家庭户籍人口的一半（如 3～4 人家庭只有 1 人在家，5～6 人家庭只有 1～2 人在家），一般表现为农村留守家庭，家庭成员分散生活于城市与农村。对 1 355 户农户的入户调查显示，有 190 户家庭常住人口少于家庭户籍人口的 1/2，占比为 14.0％。两种低效利用类型合计占比为 22.1％。

二、促成农村宅基地完全闲置率加速的条件已形成

理论上，城镇化率的提升将增加农村宅基地完全闲置率，但实际上，过去十几年宅基地完全闲置率并没有明显增加。鉴于国家没有对宅基地闲置情况进行官方统计，本文引用学界公开发表、具有一定权威性的调查报告中宅基地（完全）闲置率作为参照，以该调查报告样本量不少于 10 个省（区、市）和 100 个行政村，调查口径与本文完全闲置的标准基本一致为引用选取条件，有 4 份调研报告符合该条件（表 1），并得出 2007 年、2013 年、2016 年、2018 年宅基地（完全）闲置率基本保持在 10％左右，年际间没有明显变化。

但这种情况将随着新型城镇化的推进、农民工流动的家庭化趋势增强、留守老人自然消亡而改变，当前宅基地完全闲置正在或即将加速，主要基于以下判断。

表1　近年来权威调查报告宅基地（完全）闲置率情况

年份	宅基地（完全）闲置率	样本范围	来源文章或书籍	作者	单位
2007	10.40%	17 个省，2 749 个村庄	新中国农村建设调查	李剑阁	国务院发展研究中心
2013	10.15%	24 个省，64 个市（县），162 个村庄	中国村庄宅基地空心化评价及其影响因素	宋伟等	中国科学院地理科学与资源研究所等
2016	10.20%	27 个省，1 107 个村庄	基于农户调研的中国农村居民点空心化程度研究	宇林军等	中国科学院遥感与数字地球研究所等
2018	10.70%	28 个省，140 个村庄，76 446 宗宅基地	中国农村经济形势分析与预测	魏后凯、李婷婷等	中国社会科学院

（一）新型城镇化推进和农民工流动家庭化更易导致宅基地完全闲置

常住人口城镇化是劳动力的城镇化，体现的是劳动者的个人行为，部分家庭成员（主要是老人和儿童）留守农村，主要后果是低效利用；户籍城镇化是人的城镇化，体现的是家庭的行为，主要后果是完全闲置，还有一部分低效利用。自20世纪90年代"民工潮"以来，我国常住人口城镇化率快速提升，但户籍人口城镇化率增长明显滞后，1990—2019年，常住人口城镇化率从26.41%增至60.60%，增长了34.19个百分点，户籍人口城镇化率从20.86%增至44.38%，增长了23.52个百分点（表2）。两类城镇化率的差值从1990年5.55个百分点增至2013年最高18.03个百分点，随后下降至2019年16.22个百分点。2亿多农民工就业在城镇、户口在农村，劳力在城镇、家属在农村。这也就基本解释了，过去一段时间宅基地完全闲置率没有明显增加，而低效利用相对严重这一现象。

表 2　1990—2019 年常住人口城镇化率和户籍人口城镇化率变动情况

年份	常住人口城镇化率（%）	户籍人口城镇化率（%）	差值（%）
1990	26.41	20.86	5.55
2000	36.22	26.08	10.14
2011	51.27	34.71	16.56
2012	52.57	35.29	17.28
2013	53.73	35.70	18.03
2014	54.77	37.10	17.67
2015	56.10	39.90	16.20
2016	57.35	41.20	16.15
2017	58.52	42.35	16.17
2018	59.58	43.37	16.21
2019	60.60	44.38	16.22

数据来源：国家统计局

近年来，国家大力推动以人的城镇化为核心的新型城镇化发展，深化改革户籍制度，提高农业转移人口市民化质量，《国家新型城镇化规划（2014—2020）》提出 2020 年常住人口城镇化率与户籍人口城镇化率差值缩小至 15 个百分点的目标。事实上，当下农民工流动家庭化的趋势日益明显，也迎合了新型城镇化的发展。自 2017 年起，新生代农民工（1980 年及以后出生）占全国农民工总量的比例超过一半，2018 年达到了 51.5%，他们在个性特质、生活方式、行为习惯、文化观念等各个方面与市民比较接近，更倾向于在城市中落户。而且，这部分青壮年劳动力目前均已在 30 周岁以上，大多已婚，且具备一定经济积累，更多地将父母列入随迁的考虑（主要是城市养老和照顾子女）范围。第六次人口普查数据显示，两代户、三代户家庭户分别占流动人口家庭户的 38.52% 和 5.04%。以上新型城镇化内涵的变化，更易导致宅基地的完全闲置。

（二）留守老人自然消亡和农民工流动长期化促使部分低效利用宅基地转向完全闲置

一是人口老龄化城乡倒置严重，以常住人口统计，2001—2018

年，中国农村老年人口比例从 7.8% 上升至 13.84%，上升了 6.04 个百分点。同期，城镇老年人口比例从 7.89% 上升到 10.65%，上升了 2.76 个百分点。2018 年，南方都市报联合公益组织联合发布的《中国农村留守老人研究报告》显示，目前我国农村留守老人达到 1 600 万人，涉及 1 000 多万户家庭。而留守老人往往就是宅基地低效利用的主要群体，入户调查显示，在 190 户宅基地低效利用家庭（总样本 1 355 户农户）中，有 125 户是 60 岁以上老人（或老人加儿童）居住，占低效利用农户数量的 65.8%，这其中又有 63 户家庭已在城镇购房，意味着他们的子女已在城镇站稳脚跟或落户。在新型城镇化背景下，随着老人的自然消亡，理论上这 63 户（占总样本 4.65%）所占宅基地会从低效利用转变为完全闲置。二是农民工流动长期化。国家卫生健康委员会发布的《2018 流动人口发展报告》显示，2017 年大约四成流动人口在流入地居住 5 年及以上，超过两成居住 10 年以上。在居住地所呆时间越长，回家频次越低，停留时间越短，更有可能促成季节性闲置转为完全闲置。

三、未来农村宅基地完全闲置率估算

估算 2030 年宅基地完全闲置率时，将未来完全闲置构成分为三个部分。

（一）存量完全闲置因政策减量剩余

《中国城乡建设统计年鉴》数据显示，全国村庄用地面积近 10 年年际间减多增少，总体呈下降趋势，年均下降 0.3%。由于宅基地面积占村庄面积的比重较为固定，也可认定宅基地面积年均下降 0.3%。假设未来宅基地面积继续保持年均减少 0.3% 的速度，考虑到宅基地复垦、农村集体经营性建设用地入市等政策主要作用对象是完全闲置宅基地，因此可以简单认为未来宅基地面积减少全部从完全闲置宅基地中产生，而非完全闲置宅基地面积保持不变。以此计算，2019—2030 年存量完全闲置率将由 10.5% 减至 7.49%。

假设 2030 年宅基地总宗数与面积呈同比例减少，据 2016 年全国农业第三次普查数据估算全国农房为 25 972 万套[①]，假设后三年保持不变，加上调查获得的 5％空闲荒置宅基地（地上无建筑物），以此估算，2019 年全国宅基地总数量为 27 338.95 万宗。考虑到 2019—2030 年存量闲置将由 10.5％减至 7.49％，2030 年全国宅基地总数量为 26 450.18 万宗。

（二）户籍城镇化率提升导致新增宅基地完全闲置

即农民落户城镇产生的闲置，理论上，农户落户城镇以后会举家入城，由此农村宅基地无人居住导致完全闲置，但实际中即便农户落户城镇，宅基地往往因有老人留守、出租等情况不会完全闲置。据国家统计局最新数据，2014 年外出农民工中举家外出的比例为 21.3％，但国家对落户城镇的农户举家入城的比例没有统计，据课题组调查估算在 30％以上，而且这一比例越来越高。因此，在落户城镇的农户中，假设分别按照 1/3 和 1/2 的农户宅基地完全闲置两种情况提出研究结论。此外，分两种情况提出 2030 年的户籍人口城镇化率。根据《国家人口发展规划（2016—2030）》的发展目标，2030 年全国人口将达到 14.5 亿人左右，常住人口城镇化率达到 70％，"规划"并没有对户籍人口城镇化率直接设定目标。因此，按照 2030 年户籍城镇化率 55％和 57％（即两类城镇化率差值分别降低 0 个和 2 个百分点）两种情况提出研究结论。由此计算得出，2030 年宅基地新增完全闲置率 4.97％、7.46％、6.11％和 9.17％四种情况（表3）。

---

① 根据第三次全国农业普查对 23 027 万农户的住房情况的调查，2016 年末，99.5％的农户拥有自己的住房。其中，拥有 1 处住房的 20 030 万户，占 87.0％；拥有 2 处住房的 2 677 万户，占 11.6％；拥有 3 处及以上住房的 196 万户，占 0.9％，拥有商品房的 1 997 万户，占 8.7％。以此估算，2016 年末全国农房数量约为 25 972 万套。

表 3　2019—2030 年户籍城镇化率提升导致新增完全闲置率测算

	2030 年户籍人口城镇化率	2019—2030 年农村户籍人口减少量（万人）①	2030 年理论上新增闲置宅基地的农户数（万户）②	假设 A：按理论值的 1/3 新增闲置宅基地数量（万宗）③	新增闲置比例④	假设 B：按理论值的 1/2 新增闲置宅基地数量（万宗）	新增闲置比例
情况 1	55%	12 618	3 505.00	1 314.38	4.97%	1 971.56	7.46%
情况 2	57%	15 518	4 310.56	1 616.46	6.11%	2 424.69	9.17%

注：①2019—2030 年农村户籍人口减少量＝14.5 亿×（1−户籍城镇化率）−2019 年农村户籍人口；
②理论上新增闲置宅基地的农户数＝农村户籍人口减少量÷户均人口数量。户均人口数来自《中国农村经营管理统计年报（2018 年）》，为 3.6 人/户，假定 2018—2030 年保持不变；
③按理论值的 1/3 新增闲置宅基地数量＝理论上新增闲置宅基地的农户数×1/3×户均宅基地拥有量。户均宅基地拥有量数据来自 2016 年全国第三次农业普查测算，为 1.128 宗/户，假定 2018—2030 年保持不变；
④新增闲置宅基地比例＝新增闲置宅基地数量÷2030 年全国宅基地总数量（26 450.18 万宗）。

（三）低效利用转化为完全闲置

一是因农民在外务工时间拉长产生的季节性闲置转为完全闲置，到 2030 年，按照目前 8.1% 的季节性闲置宅基地中有 1/4 的转化为完全闲置估算，相当于 2.04%；二是前文计算的 4.65% 空间上利用不充分宅基地，未来十年，因留守老人自然消亡转化为完全闲置。两者合计 6.69%。

以上三项合计，可得四种条件下 2030 年农村宅基地的完全闲置率（表 4），分别是：（1）2030 年户籍人口城镇化率达到 55% 时，按照 1/3 的落户城镇的农户宅基地完全闲置（即农村无留守老人和其他成员），那么 2030 年全国宅基地完全闲置率为 19.15%，比 2019 年提高 8.65 个百分点；（2）2030 年户籍人口城镇化率达到 55% 时，按照 1/2 的落户城镇的农户宅基地完全闲置，那么 2030 年全国宅基地完全闲置率为 21.64%，比 2019 年提高 11.14 个百分点；（3）2030 年户籍人口城镇化率达到 57% 时，按照 1/3 的落户城镇的农户宅基地完全闲置，那么 2030 年全国宅基地完全闲置率为 20.29%，比 2019 年提高 9.79 个百分点；（4）2030 年户籍人口城镇化率达到 57% 时，按照 1/2 的落户城镇的农户宅基地完全闲置，那么 2030 年全国宅基地完全闲置率为 23.35％，比 2019 年提高 12.85 个百分点。

表 4　分情景条件下的 2030 年农村宅基地完全闲置率测算

	2030 年户籍人口城镇化率	2019—2030 年新增完全闲置比例		低效利用转化为完全闲置比例	存量完全闲置率减量后剩余比例	2030 年宅基地完全闲置率	
		假设 A (1/3 落户农户转化完全闲置)	假设 B (1/2 落户农户转化完全闲置)			假设 A (1/3 落户农户转化完全闲置)	假设 B (1/2 落户农户转化完全闲置)
情况 1	55％	4.97％	7.46％	6.69％	7.49％	19.15％	21.64％
情况 2	57％	6.11％	9.17％	6.69％	7.49％	20.29％	23.35％

四、思考及建议

看待农村宅基地闲置问题，不能简单地将宅基地完全闲置率与城市住房闲置率（以年用电量少于 20 度为标准，2017 年大中城市房屋闲置率为 11.9％，小城市房屋闲置率为 13.9％）进行比较，从而得出农村宅基地闲置问题并不严重的结论，还应看到占比达 22.1％的低效利用宅基地，以及未来闲置率变化的趋势。建议加强宅基地闲置情况监测，积极稳妥开展有效治理。

（一）在治理方式选择上注重保护农民长期利益

调研发现，有农民或基层干部反映，当地政府以"宅基地闲置浪费严重"为重要理由，大搞合村并居或宅基地腾退，置换出来的建设用地用于"增减挂"，但收益大部分甚至全部归政府支配，有损害农民利益之嫌。土地"增减挂"属于"一锤子买卖"，不能为村集体和农民带来长期、稳定的收入来源。建议在宅基地制度改革试点区明确要求增减挂收益返还村集体和农民比例不低于 70％，以增加农民获得感，增强农民落户城镇的经济能力。此外，建议允许和指导各地利用腾退出来的宅基地，转化为农村集体经营性建设用地入市。大力倡导利用闲置宅基地发展符合乡村特点的休闲农业、乡村旅游、文化体验等产业新业态。鼓励以宅基地对外出租、作价入股等方式开展村企合作，取得长期稳定收益。

（二）在治理对象选择上分轻重缓急

"返乡兼业""城乡双栖"已成为我国城乡发展的常态，提升宅基地利用效率应是一个温和、长期过程。建议当前重点治理完全闲置宅基地，特别是长时间批而未建、房屋倒塌多年的宅基地，应参照原国家土地管理局于1995年发布的《确定土地所有权和使用权的若干规定》中关于"空闲或房屋坍塌、拆除两年以上未恢复使用的宅基地，不确定土地使用权。已经确定使用权的，由集体报经县级人民政府批准，注销其土地登记，土地由集体收回"的规定进行治理。对低效利用宅基地给予更多耐心。保持一定的宅基地闲置率和资源"冗余"，既符合当前农村以代际分工为基础的半工半耕的家庭劳动力结构特点，也能提升乡村地区应对外界发展环境变化的能力，保持乡村社会结构的弹性。

我国无人化农业技术发展现状与趋势

刘恒新

近年来，以物联网、大数据、人工智能等为代表的新一代信息技术发展日新月异，已经开始应用于农业领域，无人农机、农机无人化和无人农业、无人农场等新概念常常见诸各类媒体，正深刻影响着人们对农业这个传统产业的认识。2019 年 5 月 23 日，《人民日报》以"日本开始发展无人化农业"为题对日本无人化农业发展进行了报道，"无人化农业"引起社会关注。为深入了解无人化农业在我国的发展状况，农业农村部农业机械化总站组织专家开展了相关研究，重点对我国无人化农业技术发展现状与趋势进行了分析、研判，提出了相关政策建议。

一、无人化农业技术发展现状

无人化农业是利用新一代信息技术，在传统的机械化、自动化技术与数字化、智能化、精准化技术深度融合与集成创新基础上，通过对环境、土壤、作物以及机械作业信息的获取、分析、决策，由智能装备自主完成农业生产全过程的一种农业新兴业态。无人化农业是智慧农业的典型特征。智慧农业强调的是现代农业生产技术的体系化演进，核心内涵是数字化管理，根本目标是精准化作业，无人化农业侧

注：本文系《无人化农业发展现状及对策研究》课题研究成果节选，课题主持人：刘恒新，单位：农业农村部农业机械化总站，课题参与人：姚春生、侯方安、徐振兴、祁亚卓、崔敏、陈谦、吴紫晗。课题组承诺本成果严格遵守了相关学术研究道德规范。

重的是通过技术上的迭代升级实现农业生产过程中"人"的减量化投入。因此，无人化农业可以被认为是智慧农业的俗称。目前，无人化农业技术的研发与应用在诸多单项上取得重要突破，代表性技术集中在农机自动导航、农用无人飞机、农业机器人等主要领域。一些发达国家起步早，基础理论、关键技术与系统架构相对先进，但其实际应用也主要集中在这几个领域。相对发达国家，我国在这些领域起步比较晚，但发展速度快，在技术装备研发与实际应用中已取得重大进展。

（一）农机自动导航技术日趋成熟，应用规模快速扩大

农机自动导航技术是无人化农业的关键性控制技术，通常被称为"无人驾驶"技术，一般是由安装在农业机械上的一套集成了高精度定位、农机姿态检测、转向精准控制、障碍识别与自主避障、作业路径规划等功能的软件与硬件设备的综合系统来实现。安装自动导航系统的农机也被称为无人农机，如无人拖拉机、无人插秧机、无人联合收割机等，这是无人化农业概念形成的技术源头。农机自动导航技术的快速发展主要得益于 20 世纪 90 年代全球定位系统（GPS）的商业化应用。美国是最早将 GPS 应用于农机自动导航的国家，2019 年普及率已超过 90%，还在引领技术创新方向。日本在这一领域也居世界先进水平，无人驾驶拖拉机已实现从机库到田间耕作的全程无人操作，研发的无人收割机群管理系统可 1 人远程操控多台收割机同时作业。日本自 2018 年开始，自动导航系统已成为拖拉机、插秧机和联合收割机等主要机型的标配，2018 年也因此被称为日本无人农机元年。

我国农机自动导航技术的研究起步较晚。2010 年以前，应用的农机自动导航系统以国外品牌为主，作为核心技术的全球导航卫星系统（GNSS）主要采用美国的 GPS，技术研发和商业推广都受限于美国。2010 年以后，随着北斗卫星系统的日趋完善，国内一些科研机构和生产企业纷纷推出具有自主知识产权的同类产品，打破了外国技

术垄断，农机自动导航系统产品价格从 2010 年的 15 万元在下降到 2020 年最低不足 1 万元，降幅超过 90％。我国农机自动导航技术的加快应用还来自于政策的支持。2013 年国家农机购置补贴政策对农用北斗终端开展补贴试点，2017 年纳入全国补贴范围，农机自动导航技术的推广应用开始了爆发式增长，国产品牌市场占有率逐年提高，应用地区由原来的以黑龙江、新疆等大型农场为主逐渐覆盖全国，并由在用农机后加装向出厂标配发展。据统计，2010 年国内只有 4 家企业向市场推广农机自动导航系统，当年推广 200 套，到 2020 年，国内生产企业达到 42 家，农机自动导航系统保有量超过 7 万套，主要安装在拖拉机上，应用于耕整地、播种、施肥、施药等作业环节，最近几年开始在插秧机、联合收割机等自走式农业机械上推广应用。作业过程中，驾驶员无需长时间集中注意力和手动控制方向，可有效提高作业精度，降低劳动强度，减少劳动投入。从技术上看，实际生产中应用的农机自动导航系统还属于辅助驾驶的发展阶段，仍需驾驶员主导车辆行驶，作业机具的调节与控制还要依靠人工来完成，并没有实现完全的无人驾驶。

随着农机自动导航技术不断熟化和操控自动化程度不断提高，我国完全自主行驶的无人农机产品创新步伐也在加快。没有驾驶室的无人拖拉机、无人联合收割机、无人插秧机相继推出，在黑龙江、新疆、江苏、山东等地区相继开展了多轮田间试验与作业演示，产品丰富程度、机具适用性、技术先进性等方面已与发达国家并跑。从产业化程度上看，国内外这些真正的无人农机都处于研发、试验阶段。

（二）农用无人飞机高速发展，产业化水平大幅提升

农用无人飞机是在农业生产中应用的无人驾驶航空器的简称，通过地面遥控或基于卫星导航系统的自带程序控制其飞行，完成施药、播种、施肥、田间巡视等作业。当前推广应用数量最大的是植保无人飞机。植保无人飞机的优势是作业效率高，旋翼产生的向下气流有助于增加雾滴对农作物的穿透性，可以降低农业生产成本，提高防

治效果，人机分离也减少了农药对操作人员的伤害。世界上第一架植保无人飞机由日本在 1987 年研发成功的，经过 30 多年发展，2018 年在日本农林水产航空协会登记的植保无人飞机达到 1 500 架，主要应用在水稻植保作业中。2019 年日本制定了普及小型农用无人飞机计划，2022 年无人飞机管理的农田面积将扩大至 1 500 万亩，重点在果树、蔬菜生产中推广。由于相关法律的限制，美国多采用有人驾驶飞机进行植保作业，无人飞机在农业上的应用主要局限在信息采集方面。

从全球范围看，我国正在引领农用无人飞机的高速发展。2008 年第一架国产植保无人飞机研制成功，2010 年投入实际应用。2014 年植保无人飞机纳入农机购置补贴范围，开始进入发展的快车道，技术和质量趋于稳定，迭代升级不断加快，价格大幅下降，装备数量与作业面积快速增加。2020 年，全国植保无人飞机保有量达到 7 万多架，作业面积 2.2 亿亩次。新疆、江苏、河南、山东、湖南等农业大省是植保无人飞机分布最广泛的区域，主要应用在小麦、水稻、玉米、油菜、棉花等大田农作物植保或喷施棉花脱叶剂作业中，已经探索出一套成熟的可推广复制的技术模式，正在由经验向标准转变。同时，无人飞机的功能范围不断扩展，在播种、施肥、农情监测等生产环节上开始推广应用，农用无人飞机在我国已经成为一种普通的农业机械。

目前，全国从事农用无人飞机相关研究的科研院所有 20 多家，制造企业 250 余家，与之配套的电池、飞控等配件生产企业 400 多家，有超过 300 家无人飞机植保服务组织在从事植保作业社会化服务，吸引大批青年务工人员返乡就业，并衍生出一个新职业——"飞手"，即农用无人飞机操作员。我国已经构建起一条完整的农用无人飞机产业链，形成了一个具有中国特色的新兴高技术产业，培育了一批具有国际影响力和市场竞争力的知名品牌，在飞行控制技术和产业化水平上跃居世界领先地位。一些大型农用无人飞机企业在美国、日本、澳大利亚、韩国、东南亚、非洲等 30 多个国家和地区设有运营机构，拓展业务，在国际上确立了明显的竞争优势。

（三）农业机器人研究起步晚，发展速度不断加快

农业机器人是从事农业生产活动的特种机器人，是一种由程序软件控制，能感知并适应环境变化，具有人工智能特征的自动化或半自动化农业装备。农业机器人使农业装备具有了近似人类的思考和判断能力，并"代替"人从事农业生产，正成为无人化农业技术发展的重要领域。农业机器人面临非结构、不确定、不宜预估的复杂环境和特殊的作业对象，技术上更具挑战性。随着传感器、大数据和人工智能技术的快速发展，硬件设备成本和软件控制算法成本逐渐降低，为农业机器人发展提供了新契机。

国外对农业机器人的研究起步较早，日本、美国等发达国家走在世界前列。日本于 20 世纪 70 年代末开始番茄采摘机器人的研究，长期引领采摘机器人的技术方向，并相继研制出育苗机器人、扦插机器人、嫁接机器人、移栽机器人等多种农业机器人。近年来，一些欧美发达国家不断加大农业机器人的研发投入，在除草机器人、农作物生长状态监测机器人、自主移动大田管理机器人等方面发展迅速，创业公司如雨后春笋般成立，理论进展与实际应用都居国际领先水平，挤奶机器人、饲草投喂机器人、牛舍清理机器人、嫁接机器人等近 200 款产品投入商业化应用。

我国于 20 世纪 90 年代中期才开始农业机器人的研发，在嫁接机器人、采摘机器人、除草机器人等方面相继取得进展，一些关键技术不断被突破，形成了一些具有自主知识产权的技术成果。总体上，与世界先进水平相比，我国在农业机器人的研发上还有一定差距，多集中在理论研究与技术验证阶段，产品可靠性低、生产效率不高，产品成本也比较高，尚未实现产业化。但是，农业机器人正在成为我国的研究热点，自 2014 年开始 SCI 年度论文数量已超过美国跃居世界第一，众多农业机器人公司相继成立，技术研发不断取得"点"上突破，有的已赶超世界先进水平。

（四）关联技术协同发展，构建起无人化农业雏形

除了农机自动导航、农用无人飞机、农业机器人等典型的无人化农业技术之外，近年来，无人化农业的关联技术在我国也得以快速发展，成为无人化农业发展必不可少的组成部分，主要包括卫星定位、农机作业远程监测、精准农业技术以及智慧农机平台、智慧农业平台等。

一是农机卫星定位技术。定位管理不仅是无人化农业技术装备的基本配置，而且也有其独立的功能。通过在农机上安装卫星定位终端，建立后台管理调度系统，可以服务于农机协同作业，提高农机利用率和作业效率。农机管理调度系统是发展无人化农业的重要环节。在国家北斗精准农业应用项目的支持下，最近几年大型农机出厂前安装卫星定位终端开始普及，逐步实现对农机的动态监测。2020年全国独立安装的农机定位终端已达20万套，主要应用于拖拉机和谷物联合收割机上，在作业进度统计和实时调度上发挥着越来越重要的作用。

二是农机作业远程监测技术。近年来，随着物联网技术的发展，在农机作业补助政策的推动下，有关科研单位成功研发了各类农机作业远程监测终端设备与软件系统，自2016年开始推广应用，已成为一个独立发展的无人化农业技术领域。通过无线通信网络，将安装在作业机具上的各种监测终端和传感器采集到的农机作业实时信息发送到计算机集中处理，可随时了解生产进度和作业质量，实现了农机作业的远程监测，农机手也可以在手机上读取数据，成为"互联网＋农机作业"的典型应用。2019年农机作业远程监测技术已运用到深松整地、播种、施肥、收获、深翻、插秧、植保、秸秆打捆、旋耕、秸秆还田等十几个作业类型上，各类监测终端保有量超过13万套。其中，深松作业监测终端应用数量最多，监测面积占深松作业面积的90％以上。在作业质量与面积监测的基础上，监测功能已扩展到作业油耗、农机工况实时监测和作业视频采集、测产测深甚至远程紧急停车上，并在实际生产中推广应用。

三是精准农业技术。精准农业是无人化农业发展的技术目标与方向，是根据空间变异对农业投入、农机作业实施精确定时、定位、定量控制，高效利用各类农业资源并改善环境的现代农业生产技术体系。近年来，新一代信息技术的发展推动了精准农业技术在我国的研发与应用，取得了一批研究成果，主要集中在精准施药和水肥一体化技术两个领域。变量喷雾是实现精准施药的主要技术途径。我国变量喷雾技术还比较落后，大多数研究停留在实验室阶段，不少科研成果处于样机状态，基于图像传感器的农作物病虫害探测技术与国外先进水平相比仍有不小差距。精准施肥和精准灌溉在精准农业中占有重要地位，水肥一体化技术是其代表性技术。结合环境感知、水肥自动精确配比和精准控制，水肥一体化技术系统可自动运行，实现远程无人化管理。我国在精准施肥网格识别、信息系统建立和养分管理等相关研究中已取得了一些成果，自动化控制装置已研制成功，产品种类达十多种，可实现限于地标识别的分区判断与分区灌溉，但技术上有待进一步优化提升，尚未大面积应用。

四是智慧农机平台与智慧农业平台。智慧农机平台与智慧农业平台上都是由计算机控制的大数据平台。智慧农机平台是一个农机化信息综合管理系统，通过安装在农机上的物联网终端、传感器等设备，自动获取地理位置、生产环境、作业状态以及作业数量与质量等数据，由平台计算机进行存贮、统计、分析、处理。通过智慧农机平台可视化动态地图，可以清晰、便捷地查看、获取实时信息，实施监测、调度甚至远程控制，辅助管理和决策。智慧农机平台是无人化农业技术应用的数据中心、决策中心、控制中心，正成为科研机构与管理部门研究与应用的热点。因目标功能不同，各地在智慧农机平台的开发应用上各具特点，称谓也不一致。黑龙江、河北、吉林等地建设了多个独立运行的省级综合性智慧农机平台，有的科研院所、大型农机企业、智能装备终端制造企业以及农机合作社等也建立了功能各异的智慧农机平台，已商业化运行。

智慧农业平台，亦称农业云管理平台或数字农业平台，是比智慧农机平台更为复杂的现代农业信息综合管理系统，依托农场或区域农业生产现场的传感节点与农机作业监测终端获得数据，通过无线网络传输到中心计算机，实现对农场或区域性农业生产全过程的数字化、可视化管理。我国在智慧农业平台建设方面进行了有益探索，取得重要成果，初步构建起无人化农业的雏形。

二、无人化农业技术发展趋势

随着我国城镇化进程的深入推进，农业劳动力数量不断减少，老龄化现象日益加剧，无人化农业将成为现代农业的发展趋势。但农业是以自然环境为主要生产场所的产业，不可控因素复杂，无人化农业的发展会是一个长期的演进过程。未来5～10年内，我国无人化农业技术将处在快速发展期，与之关联的农机作业远程监测、精准作业以及大数据平台等技术研究与应用将进一步深化，但重点仍集中在农机自动导航、农用无人飞机、农业机器人等领域。

（一）农机自动导航发展空间大，智能化水平将进一步提升

一是应用规模将持续扩大，覆盖场景更加丰富。2020年我国大中型拖拉机保有量为477万台，按5%的采用率估计，需要自动导航系统24万套。丰富的农业场景和巨大的市场空间为农机自动导航技术发展提供了有利条件。二是农机操控的自动化、智能化程度加快提升。探测障碍与主动避障技术将成为农机自动导航技术发展重点，稳定可靠的转弯及曲线控制技术将不断完善并在生产中应用，在功能上从简单的沿直线自动行走升级到按规划路径自动行走，实现智能化程度更高的无人驾驶。三是机群编组的体系化、协同化技术趋于成熟。与物联网技术联合构建一体化的网络导航系统，通过机群协同作业信息的获取与共享，逐步实现多台同种或异种农机的网络级联，将创新农机集群田间协同作业模式。四是农机作业的精准化、标准化水平逐步提高。新一代传感器技术将成为农机自动导航技术升级的底层驱动力，系统定位、姿态测量的精度和可靠性不断提高，农机作业质量将

更精准、更标准。

（二）农用无人飞机应用范围将逐步扩展，技术持续升级

一是产品功能和应用领域多元化。市场需求热点不断被挖掘，应用范围将超出单一大田农作物的植保作业，扩大到果树、蔬菜、茶叶等更多经济作物的其他生产环节上，进入肥料和种子播撒、粉剂喷洒、授粉、测绘等农业服务市场，成为一种多功能农田作业平台。二是飞控方式和系统运行智能化。一键起降、一控多机、仿地飞行、自主避障等功能将成为标配，普通农民经短期培训升级为一名"飞手"会更容易。三是大载荷和长续航常态化。能量密度和性价比高的电池技术，以及容量大、质量轻的药箱、喷雾系统等关键部件的研发应用步伐将加快，为大载荷长续航提供技术支撑。四是工作过程和作业质量精准化。农作物信息采集、精准变量喷洒、断点记忆以及作业状态远程监测等功能不断完善，雾滴谱窄、低飘移的专用喷雾技术进一步优化，在这一领域率先形成一个无人化农业技术示范样本。

（三）农业机器人极具市场潜力，技术上将渐次突破

一是在农业领域拥有巨大发展空间。美国的一项研究预测，2024年全球农业机器人销售量将从2016年的3万部增长至60万部，销售收入达到741亿美元，年复合增长率近21%。随着关键部件性价比的提升，农业机器人将在我国广泛应用，构成无人化农业技术体系的重要一环，为我国种植面积很大的水果、蔬菜、茶叶和设施农业生产的机械化问题提供技术方案。二是在重点作业环节上次序发展。随着深度学习、人机协作、机器视觉等核心技术的突破，小型化、轻量化农业机器人将在强度大、环境恶劣、劳动密集和控制精度要求高的移栽、嫁接、采摘、消毒等生产环节中优先推广应用。三是与现代智能装备实现技术上的交叉融合。通过智能化升级将传统农机装备改造成农业机器人是一个重要途径，更多的农机将变身为农业机器人，在更多的生产环节上应用，这是未来无人化农业的"主力军"。无人化农

业是一个农业机器人深度参与的演进过程。

（四）关联技术协同发展，系统化趋向更加凸显

一是农机作业远程监测技术应用领域加快拓展。以政策为主要推动力量，定位终端和远程监测技术的应用范围将进一步扩大，并向着大型农机具出厂标配方向发展，监测功能更加丰富，成为农业生产管理和政府监管的重要手段。二是精准农业技术渐次进入大面积应用。精准施药技术的发展将突破实时信息收集、多光谱图像处理和基于多传感器数据融合的技术难点，开发出低成本、易操作的人机界面。水肥一体化技术将在精准控制、配方施肥的智能化、无人化方向上加快升级，装备和技术逐步实现标准化。三是智慧农机平台更趋标准化。与比较成熟的自动导航、远程监测技术集成应用、协同发展，逐步构建融合多种技术的综合性大数据平台，在数据互联、信息共享等方面实现标准化。四是智慧农业平台功能不断完善。利用大数据构筑一个农业生产者、农机运营方和管理者共享共生的全天候生态系统，是技术创新的方向。可以预测，无人化农业实现的场景是，种地不用下田，而是在智慧农业平台上对智能农机装备进行操作和控制来完成。

三、无人化农业技术发展的制约因素

无人化农业是以新一代信息技术与数字化、智能化、精准化装备为支撑的综合系统，其技术发展受到一些共性因素的制约。

一是缺少战略统筹，数据共享机制没有建立。无人化农业涉及农业、民航、质检、测绘等多个部门，相关职责分工不明确、不规范，对低空空域、农用地理测绘数据的开放使用也有法律上的限制，无人化农业发展缺少系统性的战略研究与引领。独立建设的大数据平台不能互联互通，形成一个个信息孤岛，数据共享机制还没建立，影响了无人化农业技术集约化、规模化应用。

二是相应政策与技术标准没有配套跟进。无人化农业技术的创新应用对传统农业生产方式带来深刻影响，现有的政策与标准体系已不

能满足其快速发展的需要，适用的法律法规建设滞后。如何评估和监管无人化农业装备的安全性，如何规范其技术性能指标，还缺乏相应的依据，与之配套的农艺技术也需要深入研究。

三是农机制造水平不高，核心技术落后。我国农机制造业大而不强，低端产品居多，可靠性不高，总体技术和关键零部件质量与先进国家相比有较大差距，控制系统、液压系统、传动系统和总线技术发展滞后，专用传感器、专用控制件、变量施药喷嘴、芯片等关键零部件还依赖进口，制约着农机数字化、智能化、精准化水平的提升，成为影响无人化农业技术发展的重要因素。

四是我国农田标准化建设滞后。无人化农机装备在实际作业时受到耕地及周边环境等多种因素的影响，农田不平整会出现较大的定位偏移，田块不规则也会导致路径规划的更大误差，机耕道、林带及田间网络信号等基础设施建设的不均衡、不规范均对无人化农业技术应用构成制约。

四、发展优势与政策建议

无人化农业技术的发展正在对传统农业产生深刻影响，从应用场景、社会需求以及技术突破等几个方面都预示着农业生产方式正在进入快速迭代的变革时期。我国应抓住机遇，发挥优势，集聚资源，大力推动无人化农业技术发展。

（一）我国无人化农业技术发展的优势

一是国家政策支持与规划引导。我国无人化农业单项技术创新应用的快速发展，农机购置补贴等政策推动是重要原因。《中国制造2025》《国务院关于加快推进农业机械化和农机装备产业转型升级的指导意见》等产业政策已将智能农机制造和农机化转型升级纳入国家战略，正在深入推进和落实，在顶层设计和支持措施上不断健全与强化，有利于无人化农业技术的创新发展。

二是完整的农机工业体系和良好的农机总量基础。我国是农机制造大国，规模以上企业 2 300 多家，拥有独立自主的全产业链体系。2020 年全国农机总动力达到 10.6 亿千瓦，拖拉机保有量达 2 205 万台、谷物联合收获机保有量达 220 万台，主要粮食作物耕种收综合机械化率超过 84%，为无人化农业技术发展奠定了基础优势。

三是加快推进的新一代信息技术研发与应用。我国新一代信息技术创新研究和产业应用已取得重大进展，物联网、云计算、大数据技术正趋于成熟，无线通信等前沿领域已赶超世界先进水平，移动互联网应用方面也具有明显优势，初步形成了比较完整的产业链，将赋能现代农机装备技术创新，推动无人化农业技术加快发展。

四是庞大的农业体量和丰富的应用场景。2020 年我国农林牧渔业总产值 13.8 万亿元，居世界第一位。产业类型齐全，地域分布广泛，生产模式多样，在时间、空间上为无人化农业技术的应用提供了其他国家无法比拟的丰富场景，不断释放的新需求是无人化农业技术发展的重要驱动力量。

（二）政策建议

第一，加强战略研究与引领。尽管一些单项技术已大规模推广应用，但从时间上看，无人化农业在世界上尚处于起步阶段，还是一个新生事物。应加强对无人化农业的战略研究，准确把握全球发展动态与趋势，深入调研国内市场需求，科学研判无人化农业技术对我国农业、农村、农民的影响，制定发展目标与路线图，推动建立具有中国特色的无人化农业技术体系。

第二，修订完善相应的政策法规。无人化农业技术的快速发展冲击了现行的农机驾驶、安全生产等政策法律规定。建议明确一个牵头部门，全面评估无人化农业在地理测绘、空域管理、质量监督、安全监管、数据互通等方面的政策需求，在确保安全前提下放宽对低空空域、地理测绘数据共享应用的限制，及时修订完善相关法律法规，优化无人化农业技术发展的制度环境，使我国农业在新一轮科技革命中抢占先机，提升竞争力。

第三，建立健全无人化农业标准体系。标准是推进技术创新、规范行业发展的重要基础，通过完善基础技术和通用互联技术标准，可以加快无人化农业技术与装备的标准化、产业化。建议组织制定各类专项技术标准、评价标准、检测标准等，建立配套标准体系。鼓励行业组织和企业参与国际标准的制修订。

第四，加强核心技术及关键零部件研发。农机制造技术是无人化农业发展的基础。加快推进我国农机制造业技术创新，是增强无人化农业技术发展后劲的重要途径。建议设立相关的国家科技专项，支持农机控制系统、传动系统等核心技术攻关和专用传感器、专用控制件等关键零部件的研发。

第五，推进新型标准化农田建设。无人化农业技术应用是基于对环境的精确识别与农机的精确控制，应统筹考虑其技术要求，加强基础设施规范化建设，为无人化农业技术应用创造条件。建议在农田规划和整理改造中，改进防风林、电力电信布线、网络信号覆盖等设计，完善农田信息化基础设施，建设新型标准化农田。

第六，开展试验示范与合作交流。示范推广是无人化农业发展的先导。建议制订国家无人化农业技术示范推广计划，依托农业高科技企业和农业示范园、家庭农场等新型农业经营主体，建设各类无人化农业试验示范基地，推广应用具有区域特点的无人化农业技术，探索配套技术规范与运行模式。支持行业组织和企业开展国际交流与合作，鼓励企业开拓无人化农业技术与装备的海外市场。

推动建立高标准农田建设多元融资机制

赵华甫

《乡村振兴战略规划（2018—2022 年）》明确提出"到 2022 年确保建成 10 亿亩的高标准农田"，任务艰巨、资金需求巨大。必须建立多元融资机制，整合各类财政资金、鼓励地方积极筹资、激励社会资金参与，扫清农田建设融资面临的障碍因素，厘定农田建设利益相关者的利益诉求，破解农田建设资金瓶颈。

一、农田建设融资机制现况

2019 年，国务院发布《关于切实加强高标准农田建设提升国家粮食安全保障能力的意见》（国办发〔2019〕50 号）提出，应加强财政投入保障，创新投融资模式，完善新增耕地指标调剂收益使用机制等，进一步完善了高标准农田建设工作顶层制度设计，为资金投入和机制创新指明方向。围绕资金整合机制，地方开展了大量试点探索工作，如江西等省采取"三变、三创、八结合"建设路径（"三变"即变县级整合为省级整合、低标准为中高标准、部门验收为统一验收；"三创"即创新融资方式、建设布局、考核办法；"八结合"即与调优农业产业结构、培育新型经营和服务主体、推进精准扶贫、壮大农村集体经济、建设现代农业示范园、发展休闲观光农业、建立"两区"

注：本文系《高标准农田建设投入机制、监督评价机制研究》课题研究成果节选，课题主持人：赵华甫，单位：中国地质大学（北京），课题参与人：胡业翠、黄勤、冯喆、杨淇钧、齐瑞、厚欣悦、陈庭永、杨丛竹。课题组承诺本成果严格遵守了相关学术研究道德规范。

和轮作休耕相结合)。江苏省泰州"债、贷、投"组合,将高标准农田建设中"整理出的新增耕地指标挂牌上市"进行融资;山东泗水县将未利用地建设成高标准农田获取新增耕地指标流转收益,通过指标买卖获得高标准农田建设资金等。但是,尚未形成完善的金融保障机制和多方共赢、权责分明的多元投资机制。

一些发达国家通过完善农田建设信贷体系,以及分级投入、权责统一的多方参与投资体系,保障农田建设资金投入。如德国将联邦政府的专项基金、州政府的地方债券发行、竞标企业税收减免和土地所有者投入结合,构建了完善的融资机制;美国建立完善的农业政策性信贷制度并发展土地银行、生产信贷银行等金融机构,同时以"谁受益、谁负担"为原则,区分水利、农业项目产权和类别确定市场与政府的投资分摊比例,形成责利统一的多元化融资机制;荷兰通过政府补助、市场调节、银行金融服务等方式进行融资,农村合作银行的参与有效解决了农地整治中对于大额资金的融资需要;韩国通过由农民自主推选建设组织者、政府配发建设物资的制度设计,广泛调动了农民的积极性(表1)。

表 1 农田建设投融资机制国外借鉴

类别	国家	内 容
融资制度	美国	具有发达的农业政策性信贷制度,形成了以农场信贷系统为核心的联邦政府担保信贷系统、联邦政府直接信贷系统及农业出口信贷系统配套的农业政策性信贷体系。相关法律授权有资质的水利建设单位,可依据水利项目建设的需要向社会发行债券筹集水利项目建设资金。
	荷兰	已颁布实施了四个土地整理法案;当前使用的土地整理法案(1985年)将土地整理分为四种项目类型,规定了相应的法律程序,包括农业土地整治项目的法律程序和融资安排程序等。
	日本	颁布近130部土地管理相关法律,并适时修改。如《土地改良法》,为了扩大土地改良种类和完善实施程序先后被修改11次。
融资模式	美国	水利工程融资过程中区分工程的公益属性,界定联邦政府和地方政府责任,公益性越强的水利项目,联邦政府责任越大,负担融资比重越大,地方政府责任越小,负担融资比重越小;反之,水利工程公益性越弱,地方政府责任越大,融资比重越高。
	德国	土地整治融资分为一般性融资、民意互换模式、精简性模式、快速合并模式、项目整治融资模式五种模式。不同融资模式适应不同的土地项目,地方政府、土地整治机构、农户、公司、对土地整治项目感兴趣的投资者多方参与。

（续）

类别	国家	内　　容
资金投入	美国	农田水利工程融资过程中实行财政资金有偿使用。除了纯公益性水利（防洪和航运工程）项目外，其他水利项目政府融资是要求回收一定的融资资本金的，政府要求项目经营管理者从项目受益者中收取费用（电费和水费）逐年偿还政府的融资资本金及利息。
	德国	联邦政府通过财政转移的方式拨出专项基金支持项目建设。 州政府采取招标和发行地方债券的方式融资，通过给予投标企业政策优惠和税收减免等多手段吸引社会资本投入。 土地所有者承担的整理费用较低，融资难度不大，数额由其中利益关系决定； 投资经费一般由中央、地方和土地所有者承担，大致比例依次为 48％、32％、20％。
	荷兰	在农村，荷兰有农民合作金融制度，通过其组织机构"农民合作银行"（Rabobank）进行融资。 中央政府每年投入土地整治项目的资金总额约为 1.4 亿美元（2014 年），占全部土地整治项目投资的 70％。
民众参与	韩国	政府不会直接包办所有的基础设施建设计划，在建设的过程中，始终注意发挥农民的积极性与主动性。 在计划的论证、实施过程中，农民有自主选择的权利，在进度上也可以不同步。 农业基础设施建设的组织者由当地农民推选。在实施项目之前，政府提出建设计划，包括道路硬化、农田水利建设、农业用电改造等，农民根据该计划进行自由讨论，选择最需要解决的项目，并推举一名项目建设的指导者。 项目上报获得县级政府批准后，政府给农民以配套，比如发放钢筋、水泥等，其他的资金由农民自筹。
	荷兰	各地都有代表群众利益的区域整理委员会；在土地项目提出后，需要项目区内 25％以上土地面积的居民同意才会被中央土地整理委员会受理；居民有权参与、审查土地整治项目规划；土地项目实施前需要项目区内 50％以上的居民投票通过。
	日本	注重土地权属和地块调整，在进行土地整治前，由土地整治区域中各村的村民代表和指导人员组成的委员会对规划方案、土地权属和地块调整方案等进行讨论和表决，经委员会 2/3 以上的成员同意后，土地整治工程才开始实施。个人拟参加土地改良要提出申请，在获得同一地区 2/3 以上参加人同意后方可获得参加土地改良的资格。

二、我国农田建设融资机制障碍因素分析

一是项目属性障碍。高标准农田建设目标在于保障国家粮食安全，具有较强的公益性，其公共效益及政治效益大于经济效益，它的非竞争性、非排他性是导致投融资不畅的主要原因。尽管政府政策层

面扶持力度大，但受农田建设项目投资周期长，投资收益较低，建设中受自然灾害多等因素影响，逐利的社会资本和金融机构参与意愿低，阻碍农田建设项目对社会资本进行融资。

二是制度政策障碍。高标准农田建设项目建设中，主导项目审批准入、项目监督、利益分配的政府部门，与项目实施的社会资本、农民集体、工程承包商，在权利分配、责任分工、风险分担存在冲突，是促进农田建设融资的核心障碍。

三是市场机制障碍。受高标准农田建设中新增耕地指标认定标准不健全，指标交易跨省、市交易存在国家政策和地方政策限制，地方建设占用耕地补充平衡对指标的占用等影响，一定程度上削弱了农田建设新增耕地指标交易融资的效能，也损害了社会资本参与高标准农田建设，新增耕地以获取相应收益的积极性。受农村土地价值评估体系不健全，经营权抵押融资相关管理法律法规不完善，配套金融服务体系未完全建立，土地经营权流转市场不成熟等因素影响，土地经营权作为融资抵押对象的难度较大。

四是建管用脱节障碍。机构改革前，高标准农田建设工作由发展改革委、财政部、国土资源部、水利部等部门分别组织，存在严重的建设、管理和使用脱节问题。农田建设职能整合到农业农村部门后，在高标准建设、管理和利用上，仍然需要继续探讨建管一体、建用结合的有效模式，以现代农业发展为目标，高效建设，激发土地经营主体建设投入的积极性。

三、农田建设利益相关者诉求分析

高标准农田建设过程涉及的利益相关群体众多，多元融资主体存在差别化的利益需求。根据农田建设项目资金投入与运行机制中利益主体之间的资金紧密度和利益影响程度，从控制权角度可以将主体分为主导型利益相关者、接受型利益相关者、间接型利益相关者。农田建设项目的公益属性、农地权属对于农民和集体的敏感性、社会资本的逐利性、政府部门的决策过程中的强势地位是导致矛盾产生的主要原因。具体表现在四个方面。

一是政府部门与项目业主方的利益冲突。政府部门希望较少的财政支出和对农田建设项目的有效掌控，以保障项目建设所产生的公共利益，项目业主方希望得到更多的资金支持来使得项目顺利开展，同时需要更多的决策权力获得更多的利益回报。

二是工程施工方与项目业主方的冲突。项目业主方要求项目按合同严格完成且保质保量，而工程施工方可能会通过各种手段降低成本、提高利润难免会对农田建设成果质量造成负面影响，二者在农田建设计划、责任归属和利润分成上形成冲突。

三是土地权利人之间的冲突。土地权利人追求土地兼并流转中利益最大化，土地拆并、出租环节之中，土地权利人之间会产生冲突。

四是金融资本方与项目业主方的冲突。金融资本追求稳定合理的投资收益和较低的投资风险，项目业主方追求较低的融资代价以及保障融资偿还的可行性，导致双方在合作中存在利益诉求冲突（表2）。

表 2　农田建设项目融资过程利益相关分析

类型	利益主体	利益相关者	利益表达	利益诉求
主导型利益相关者	政府部门	中央政府农业主管、省级政府及农业主管部门、市（县）政府及主管部门、土地机构等	更少的财政支出、农业生产力提升、农村经济发展，政治绩效、国家粮食安全	政治利益、社会效益
	项目业主方	县级政府、镇政府、国有背景的合资公司、民营企业等	政治绩效、更多的项目资金、更大的决策权力、良好的公众形象	政治利益、社会效益、及部分经济利益
接受型利益相关者	工程施工方	施工单位、测量单位、设计单位、监理单位、材料与设备供应商、招投标机构等	合理的项目计划、更低的成本投入、更低的建设风险、更高的利润回报、良好的企业形象	经济利益、社会品牌形象
	项目区土地权利人	农村集体经济组织、村委会、村民、其他土地权属人	土地拆并流转中的利益保障，规划设计以及利益分配中的决策权力、经营权外放的收益、生产力的提升和生产环境的改善	经济利益、公平性、环境效益

（续）

类型	利益主体	利益相关者	利益表达	利益诉求
间接型利益相关者	农业经营方	专业大户、家庭农场、农民合作社、农业产业化龙头企业、普通农户	更高的土地质量、集中连片的土地资源、更低的土地租金、稳定的土地经营权	经济利益、良好的品牌形象
	金融资本方	民营企业、民间投资人、银行、信贷机构、保险公司等	低的投资风险、合理的经济回报、良好的企业形象	经济利益、投资回报稳定

四、完善高标准农田建设多元融资的政策建议

（一）完善土地制度顶层设计，夯实多元融资制度基础

建立健全土地经营权抵押融资的机制和政策，明确土地经营权抵押融资的条件、程序、额度、担保、期限。探索完善发行土地债券，设立农地建设基金、将土地经营权作为优先股种入股、抵押贷款等融资手段，为各地更有效推进农田建设抵押融资提供政策依据。制定新增耕地认定标准，土地指标跨省域调剂收益按规定用于增加高标准农田建设投入，省内高标准农田建设新增耕地指标调剂收益优先用于农田建设再投入和债券偿还、贴息等。

（二）推动农田建设权责利统一，营造良好的融资环境

一是农田建设立项中赋予农民集体及承包农户更多话语权。在农田建设项目立项、规划设计阶段，发挥政府投入引导作用，尊重农民集体主体地位，引导组建农民集体、农民小组成立农田建设工作组，提高其在项目建设过程中的话语权，对符合条件的村集体以自主委托代建，参与招投标或主导前期融资环节决策，激发农民参与建设的积极性。

二是拓宽投融资的参与渠道。搭建土地经营权流转交易平台，探索设立专门的土地经营权抵押部门、成立合资公司集中土地再流转、设立专门的政策性土地金融机构，有效降低土地经营权流转的交易成

本。挖掘农田建设中营利性强的分部项目，吸纳社会资本尤其是农村社会闲置资金的投入；建立新增耕地指标交易激励机制，将指标收益与工程施工方利益挂钩，激励其增加新增耕地指标数量，将收益权有条件抵押给金融资本，有利于增加社会企业融资能力，从而吸引其参与融资。

三是完善投融资的风险分担机制。在投融资阶段，通过政府、金融机构与企业联动，建立土地经营权抵押融资担保基金，完善政府在农田建设项目相关社会主体的融资授信服务，解决社会主体、农民集体和个人参与农田建设的资金瓶颈问题。同时，政府应健全农田建后监管稳定资金保障金制度，使参与建设单位和土地经营者切实发挥监督监管责任，并创新多主体管护的模式。

（三）区分各利益主体的类型，分类引导社会资本投资

构建多元融资机制，针对不同社会资本主体利益诉求，发掘项目盈利点和投资回报产品，设计不同的融资参与机制，发挥政府投入引导和撬动作用。

一是以制度保障激励经营主体投资。应进一步优化涉农补贴政策、创新投资回报方式吸引农业经营方投资前期农田建设项目，给予农田经营主体一定年限的农地特许经营权、地块优先选择权、实行订单化整治等方式吸引投资。

二是以稳定收益预期吸引施工单位垫资。在采取先建后补、以奖代补、贴息补助等模式的基础上，借鉴农田水利基础设施建设融资模式，创新补偿措施和收益分配方式，稳定其收益预期，吸引各类施工主体垫资施工，缓解地方财政支出的压力。

三是创新参与路径鼓励民众投劳投工。对项目区农民及集体经济组织，增强其农田建设项目项目决策参与权利，引导土地权利人采取投资投劳投工的方式投入农田建设项目。

四是以风险共担机制回应金融避险诉求。对金融资本方，建立完善农田建设领域的政府、银行、融资担保机构的合作机制，降低融资

风险，提高金融资本参与积极性。建立全风险预防机制、充分发挥各类涉农保险在项目融资、运营等方面的协同保障作用以及对金融机构担保贷款发生的风险的有效保障。

（四）精准配置农田建设资金，凸显农田建设综合效益

一是做好农田建设情况摸底。统一上图入库是高标准农田建设实现全程监管、精准管理、信息共享的基础性工作，要抓紧抓实高标准农田建设上图入库工作，获得农田建设一手资料，精准确定农田建设靶标，避免重复建设和投资。

二是识别未达标农田和插花地块统筹整理。将高标准农田建设上图入库工作成果与《高标准农田建设通则》相关标准进行比较，厘清难以达到旱涝保收、高产稳产高标准农田要求的农田数量、分布，以及部分老项目区范围内存在未建设的"插花"地块等情况，制定细则，允许按"填平补齐"原则进行设计和建设，由各省合理确定项目投资标准和建设规模，精准推动这些问题项目集中统一管理和老项目区提质更新。

三是结合农田禀赋精准配置建设资金。以集中建设为原则，结合永久基本农田红线和生态红线划定成果，对未实施高标准农田建设或2011年以前实施的农田建设项目，进行建设水平和潜力评价，对全国各省的高标准农田建设资金进行统筹分配，做到建设资金与资源条件的精准匹配。

四是以目标为导向确定建设投入标准。充分考虑新型农业经营主体的农业发展要求，科学确定建设工程内容、建设标准，支持现代农业快速发展和农民增收，彰显农田建设服务精准扶贫，促进乡村振兴综合效益提升。

社会化服务引领下中国农业现代化道路的战略转向与"十四五"建议

钟　真

当前，世界正在经历"百年未有之大变局"，但我国"大国小农"这一基本国情和农情并没有根本性发生改变。"人均一亩三分地，户均不过十亩田"，是我国大多数地方农业发展的现实。习近平总书记指出，"我们不可能各地都像欧美那样搞大规模农业、大机械作业，多数地区要通过健全农业社会化服务体系，实现小规模农户和现代农业发展的有机衔接"。

十三五以来，伴随着新发展理念在农业发展中的全面深化和落实，中国特色农业现代化的路径正从"土地流转型适度规模经营"为主要驱动向"服务带动型和土地流转型兼顾"的多元驱动转变。这是在新时代改革开放条件下中国特色市场经济发展与政府治理能力提升过程中，农业现代化模式坚持"变与不变"的重要理论探索与实践成果。面向十四五，在"推动形成以国内大循环为主体、国内国际双循环相互促进的新发展格局"的总体要求下，农业社会化服务体系应立足当前农业发展的阶段性特征，着眼中国特色农业现代化目标，结合市场和政府多种治理手段长远谋划、科学布局。

注：本文系《基于社会化服务的中国特色农业现代化道路研究》课题研究成果节选，课题主持人：钟真，单位：中国人民大学，课题参与人：李丁、黄斌、张怡铭、李琦、王沁轩。课题组承诺本成果严格遵守了相关学术研究道德规范。

一、新时代中国农业现代化道路的战略转向

解决小农户与现代农业发展有机衔接的问题已经成为新时代中国特色农业现代化的核心任务，但其具体的实现路径还有待深入的理论分析与实践检验。改革开放四十年来的农业发展实践和理论研究表明，基于土地流转的农业适度规模经营尽管取得了巨大成功，但它仅仅是农业生产效率提升的充分不必要条件，而基于农业社会化服务的适度规模经营才是农业高质量发展的充要条件。

所谓农业社会化服务是基于专业化分工的、面向农业生产经营者的产前产中产后服务，包括农资供应、技术培训、农机作业、仓储运输、产品加工、市场信息、品牌营销、金融保险等诸多方面。无论是不流转土地的小农户还是流转土地的规模经营者，都需要大量外部服务来支撑其农业生产经营。根据课题组的研判，十四五时期将是农业服务业发展的黄金期，市场规模或超万亿元。

为此，新时代中国农业现代化道路的战略重心有必要从推进土地流转向加强农业社会化服务转变，这对丰富中国特色农业现代化理论、挖掘新时代农业经济增长的"新空间"和完善农业适度规模经营的政策体系等方面具有重大意义。

第一，"战略转向"将有助于重新认识小规模农业的现代化之路，进一步丰富农业现代化理论。自20世纪70年代末以来，伴随我国农业集体化生产的解体、社会主义市场经济制度的确立和农业领域的市场化程度不断深化，如何在市场化条件下"改造传统农业"已经有了一批相对成熟的学术思想和观点，如科技改造论、人力资本投资论、劳动力转移论、农地产权优化论、农业基础设施投资论、制度创新论，等等。这些农业发展理论对包括中国在内的大量发展中国家的农业现代化确实起到了重要的指导作用。当前，中国农业发展进入新时代，以供给侧结构性改革为重点的农业改革正在进行中，我国"三农"发展遇到了不同于以往的难题，急需理论上的阐释和指引。从农业社会化服务这一全新的视角入手来研究农业现代化的实现路径，不

仅强调了土地规模经营不等于农业规模经营的基本认识，还将开辟一个研究农业现代化的"新战场"。这一视角将把充分的社会化服务和相对完善的要素市场视为保证农业高质量发展的第一要件，而基于土地这一核心要素所生发出来的各种经营主体或经营方式放在仅次的位置。从这个意义上讲，不仅农地经营规模与农业生产效率之间究竟是"反向关系"还是"规模报酬递增"的争论没有太大意义，就连讨论诸如"农户究竟需要多大的农地经营规模"等最优农地规模问题本身都失去了足够的必要性。因为，更为重要的问题是，在市场化条件下，可否及如何通过强化诸如农业生产环节外包或托管等社会化服务来提升农业生产效率？对这些问题的深入系统研究，将为小规模农业实现农业现代化开辟新道路提供新的理论依据。

第二，"战略转向"将有助于准确把握我国农业社会化服务供求新格局和农业社会化服务体系建设新进展。纵观发达国家的农业现代化，不管其平均农地经营规模大小如何，都是在家庭经营基础上通过健全的社会化服务体系实现的。例如，美国农业劳动力数量只占总劳动力2％左右，但为农业提供各类服务的人数却占整个劳动人口的10％以上，大大超过直接从事农业的人口。我国目前有超过2亿小农户，他们有大量涉农生产经营活动"办不了、办不好或办起来不划算"，因而建立完善的农业社会化服务体系尤为重要。它将有利于强化农业双层经营中"统"的功能，为农业突破变小规模分散经营的局限提供多种可能，促进"统分结合"这一制度优势的有效发挥。目前，除了政府、科研院所等公益性农业服务机构以外，农民合作社、农业企业、集体经济组织等各类农业经营主体也在市场化条件下利用社会资本进军农业服务业。实践中已经形成了诸如黑龙江克山县仁发农机专业合作社的"仁发"模式，中化集团的"中化MAP"模式（Modern Agriculture Platform），金正大集团的"金丰公社"模式，山西翼城县新翔丰公司的"农业生产托管服务站"模式，甘肃谷丰源农化科技有限公司的"农工场"模式，山东供销社系统的"为农服务中心"模式等一大批新型农业社会化服务模式。这些模式既不同于欧美国家以四人服务为主导的"公司＋农场"模式，也不同于日韩综合性服务为主的"农协"模式，一个兼具东西方特色的农业社会服务体系正在形成。因此，"战略转向"将为尽可能全面地检视涉及产前、产中、产后诸环节和公益性、经营性等各类型的农业社会化服务及其发展格局提供了契机，为构建社会化服务驱动农业高质量发展的新机制提出了任务和要求，也为乡村产业振兴创造了更好的宏观形势和微观条件。

第三，"战略转向"将有助于明确推进新时代中国特色农业现代化的政策着力点，进一步完善农业实现多种形式适度规模经营的政策体系。政策支持是21世纪以来农业发展最大的战略机遇。国家支持政策的重点仍需要聚焦在农业生产力的提升上，并适时调整新时代现代农业的发展战略。从中央文件看，尽管"多种形式的适度规模经营"已经提了很多年，但无论是家庭经营、合作经营、企业经营、集体经营还是其他经验形式，地方政府具体的抓手多为"土地流转"，这种狭义的理解和操作方式无形中让以土地流转相关的农业政策承担过多的期待，也增加了农业适度规模经营的风险。而"战略转向"将意味着政府应重新设定推进中国农业现代化的政策着力点，即当前和未来一个时期应以社会化服务为核心而非以土地流转为核心来推进适度规模经营。这种战略调整将改变农业仅作为第一产业的相对狭隘的产业属性，促进农业功能从以食物生产供给为主拓展为一二三产业融合视角下的经济、生态、民生等价值全面提升。它不仅符合当前农业供给侧结构性改革所要求的转变农业发展方式的基本思路，还将大大减轻现行农地政策特别是出台不久的"农地三权分置"的政策压力，为新时代中国特色农业现代化增加一条新的可选路径。

长期以来，中国最基本的国情和农业发展实际就是"大国小农"。若能通过"战略转向"成功地推动一个由数亿个小农户构成的农民大国走向农业现代化，将是中国发展经验中最大的"中国特色"，也必将为世界农业发展提供宝贵的"中国方案"。

二、不断强化农业社会化服务的主要作用

一是有利于进一步完善农村基本经营制度。改革开放四十年来的农业发展实践和理论研究表明，基于土地流转的农业适度规模经营尽管取得了巨大成功，但无论是未流转土地的小农户还是流转土地的规模经营者，都离不开大量外部服务来支撑其农业生产经营；因而土地流转型规模经营仅仅是农业生产效率提升的充分不必要条件，而基于农业社会化服务的适度规模经营才是农业高质量发展的充要条件。从各地实践看，以农业生产托管为代表的农业社会化服务在不改变土地承包关系前提下，解决了"谁来种地、怎样种地"的问题，在坚持农村土地集体所有、坚持家庭经营基础性地位和坚持稳定土地承包关系的前提下，为农业基本经营制度的完善注入了新的活力。

二是有利于引导小农户和现代农业发展有机衔接。日前，我国有承包耕地农户数 2.27 亿户，户均耕地面积 6.13 亩，经过土地流转经营 30 亩以上的农户只有 1 144 万户，仅占全国农户总数的 5% 左右，经营自家承包耕地的普通农户占大多数这个情况在相当长时期内还难以根本改变。通过培育各类农业服务组织，依托土地股份合作、土地托管、代耕代种、联耕联种、病虫害统防统治、秧苗统育统供等服务，为普通农户开展专业化市场化服务，帮助解决生产过程中面临的共性问题，把一家一户小生产融入到农业现代化大生产之中，实现小农户生产与现代生产要素的有机结合，是引领小农户走向现代农业的重要途径。

三是有利于促进农业全面转型升级和乡村全面振兴。要实现农业高质量发展，就必须坚持质量第一、效益优先，深入推进供给侧结构性改革。而调结构、提品质、促融合、降成本、补短板，都与社会化服务密切相关。通过专业化市场化服务，充分发挥农业机械装备的作业能力和分工分业的效率，能有效降低农业物化成本和生产作业成本，有助于实现农业节本增效提质。通过社会化服务组织的标准化、绿色化生产，推广现代绿色高效生产方式，有助于建立绿色兴农的有

效路径。农业社会化服务业是一个潜力巨大的产业，是乡村产业振兴的关键领域。乡村组织振兴、人才振兴也离不开农业社会化服务组织的繁荣和农业社会化服务人才的成长。因而大力发展农业社会化服务、加强农业社会化服务体系建设，正是促进农业全面转型升级、乡村全面振兴的重要抓手。

三、当前农业社会化服务发展的基本态势

党的十八大以来，在以"把小农户引入现代农业发展轨道"的目标引领下，农业社会化服务体系不断健全，农业生产性服务业加快发展，各地通过农业生产托管等服务方式，引导小农户广泛接受农业生产性服务，转变农业发展方式，走服务型规模经营之路，为构建现代农业经营体系提供有力支撑。企业、合作社、集体等多元化社会化服务组织竞相发展，新机制、新业态、新模式不断涌现，对构建现代农业产业体系、生产体系和经营体系发挥了重要作用，赋予了双层经营体制新的内涵。

一是服务需求不断扩大。随着农业兼业化、老龄化现象日益凸显，一家一户干不了、干不好、干了不划算的农事环节越来越多，社会化服务的市场需求日益聚集和爆发，成为拉动产业发展的强大动力。到 2019 年，农林牧渔服务业产值 6 485 亿元，同比增长 7.5%，增速居一产各业之首。受新冠肺炎疫情影响，2020 年一季度国内生产总值同比下降 6.8%，而农林牧渔服务业逆势增长，总产值达 1 116.8 亿元，同比增长 4.2%，表明农林牧渔服务业发展势头强劲，农业生产性服务需求旺盛。可以预见"十四五"期间，农业服务业或将迎来大发展的机遇期、黄金期，预计市场交易规模将达万亿以上。

二是服务条件明显改善。经过多年的扶持引导，发展农业社会化服务的技术力量、设施装备、服务主体等方面都已具备了一定的规模。截至 2018 年底，全国有基层农技推广机构 7.49 万个、51 万的农技推广人员，社会上还有一大批农业大中专院校毕业生和农村成长的土专家、田秀才。截至 2019 年底，全国拥有 10.27 亿千瓦的农机

动力、数千万套配套装备和丰富的仓储、物流、加工等设施设备。已经培育 300 多万的合作组织、家庭农场、专业大户、龙头企业等新型经营主体。农业生产托管服务组织达到 46 万家，服务小农户近 6 000 万户。加快推进农业社会化服务的基础条件已经具备。

三是服务支持政策逐步完善。"十三五"以来，中央出台了一系列政策文件，从不同角度对这项工作进行部署。特别是中办、国办印发的《关于加快构建政策体系培育新型农业经营主体的意见》《关于促进小农户和现代农业发展有机衔接的意见》和农业、发改、财政三部门联合印发的《关于加快发展农业生产性服务业的指导意见》等文件，中央对发展农业社会化服务作出一系列部署。2017 年开始，中央财政设立专项转移支付资金用于支持农业生产托管，农财两部办公厅每年专门发文对做好这项工作作出明确部署。同时，各级政府农业扶持政策也正逐步从补主体、补装备、补技术，向补服务转变。这些措施，正在有效扶持引导小农户广泛接受农业社会化服务，降低了生产成本，培育了服务市场，为发展农业社会化服务营造了良好的政策环境。

四是服务实践模式日益丰富。自开展农业生产托管试点以来，各地实践探索模式丰富，成果丰硕，很多经验可借鉴、可复制、可推广。山西以大力推进农业生产托管为重点，探索建立整县推进农业生产托管机制，出台一系列托管行业规范，直接服务小农户 26 万户。安徽通过政府引导，市场引领、多元合作，激发了各类服务主体的市场活力。福建将茶叶、水果、蔬菜等特色经济作物列入托管服务试点范围，为拓宽服务领域积累了经验。一些企业的模式探索也卓有成效。中化集团着力打造的"MAP"模式，在全国 25 个省（区、市）建成 128 个技术服务中心、292 个示范农场，为 321 万亩耕地提供全程服务。金正大集团着力打造的"金丰公社"模式，覆盖全国 22 个省（区、市），累计服务面积 1 125 万亩。甘肃谷丰源农业科技公司推出的"技术集成＋农事服务"模式，三年累计服务面积超过 216 万亩等等。这些探索为更好地推进农业社会化服务工作积累了经验。

四、农业社会化服务发展面临的主要挑战

综合研判，我国农业生产性服务业还处于成长初期，规模相对较小，发展还不平衡不充分，行业管理尚显滞后，与满足以小农户为基本面的现代农业发展需要还有较大差距。

一是服务市场的潜力有待继续开发。当前，公益性服务组织因管理体制不顺、队伍素质不高、工作经费缺乏等问题越来越无法满足各类经营主体对农业服务的个性化、全程化和综合性需求。另一方面，近年来，虽然经营性社会化服务组织发展较快，但总体上发展还不充分，普遍存在小、散、弱的情况，突出表现为规模不大、实力不足，抵御市场风险能力较弱、服务带动能力不强等问题。按现行统计口径，2019 年全国农业服务业产值还不到 7 000 亿元，在 12 万亿农业总产值中仅占 5% 左右。相比发达国家，如美国 2013 年农业生产性服务业产值占农业产值的 12.7%。由此可见，我国农业生产性服务业发展空间还很大。

二是服务需求的多元化趋势难以满足。目前，农业社会化服务主要集中在粮食等大田作物的产中环节，农产品初加工、冷链物流以及配套的金融、保险等服务还极其薄弱；果蔬种植、畜禽兽医、品种品牌等方面的服务也相对滞后。而这些服务恰恰是农业增值的关键环节和提升风险抵御能力的重要支撑。同时，服务对象"重大轻小"现象比较突出。土地集中连片的规模经营主体，成为各类农业服务主体争相服务的重点，而直接面向小农户的服务供给严重不足。此外，小农户因其分散造成的过高的交易成本是服务组织"望而却步"的重要因素，亟待加快农业服务领域的农业组织化进程，加强对新型农业经营主体开展农业社会化服务的财政支持。

三是服务质量水平尚需全面提升。从全国看，除技术服务类有基本健全的体系和历史积累外，大部分地区对经营性服务组织的行业管理刚起步，农业社会化服务面临"三缺"的严峻挑战，即"制度缺乏、政策缺乏、经验缺乏"，服务无标准、不规范和监管不到位等问

题比较突出，使得农业生产性服务业总体上还处在粗放式增长、低水平竞争的阶段。这与新时代农民群众提升农业生产和生活水平的需求不相适应，这阻碍了农业社会化服务质量的提高。但是，由于农业生产标准化程度较低，加之"个性化、小众化、有机化"等农业消费新趋势，要提高农业社会化服务的标准化水平，尚需产业链多方主体共同参与并形成共识。这不仅需要技术上的支撑，更需要时间上的积累。

五、"十四五"时期加强农业社会化服务的建议

一是着眼中国特色农业现代化，明确社会化服务发展的思路目标。"十四五"时期，要以习近平总书记新时代中国特色社会主义思想为指导，全面贯彻落实新发展理念，以推进农业供给侧结构性改革为主线，以培育农业服务业战略产业为目标，大力发展多层次多类型的农业社会化服务，构建覆盖全程、综合配套、主体多元、开放竞争、便捷高效的现代农业社会化服务体系，推进农业社会化服务提档升级、高质量发展，为加快构建现代农业经营体系、推动乡村振兴提供有力支撑。坚持市场化导向、重点面向小农户为主要原则，加快资源共享和机制创新，兼顾服务主体个性化成长与服务行业规范化发展并重；争取到 2025 年，农业社会化服务市场化、专业化、信息化水平显著提升，对现代农业的支撑能力显著提高，联农带农益农作用充分发挥，新型农业社会化服务体系全面建立。

二是健全面向多元服务主体的农业社会化服务支持政策体系。按照主体多元、形式多样、服务专业、竞争充分的原则，加快培育各类服务组织，充分发挥不同服务主体各自的优势和功能。支持农村集体经济组织通过发展农业生产性服务，发挥其统一经营功能；鼓励农民合作社向成员提供各类生产经营服务，发挥其服务成员、引领农民对接市场的纽带作用；引导龙头企业通过基地建设和订单方式为农户提供全程服务，发挥其服务带动作用；支持各类专业服务公司发展，发挥其服务模式成熟、服务机制灵活、服务水平较高的优势。健全农业

社会化服务支持政策体系，创新金融产品，加大财政支持力度，促进农业服务企业、农民专业合作社、村集体经济组织等各类服务组织创新发展。发挥各类农业服务组织优势，促进专项服务与综合服务协调互补、公益性服务与经营性服务融合发展，营造公平竞争、协同高效的社会化服务市场。不断提升农业社会化服务对小农户服务的覆盖率，将小农户引入现代农业发展轨道。

三是加快重点面向小农户的农业生产托管项目在全国范围内"普惠式"落地。创新农业生产服务方式，发展单环节托管、多环节托管、关键环节综合托管和全程托管等多种托管模式。实施小农户生产托管服务促进工程，加大财政支持力度，支持各地集中连片开展农业社会化服务，重点支持粮棉油糖等大宗农作物生产和当地特色主导产业，服务方式进一步聚焦生产托管，服务对象进一步聚焦小农户，服务环节进一步聚焦关键薄弱和农民急需的生产环节。鼓励各地因地制宜选择本地优先支持的托管作业环节，按照相关作业环节市场价格的一定比例给予服务补助，通过价格手段推动财政资金效用传递到服务对象，不断提升农业生产托管对小农户服务的覆盖率。争取到"十四五"末，农业生产托管项目成为小农户随时随地能够享受的普惠式支农政策。

四是以加强行业管理带动社会化服务规范发展。加强农业生产性服务行业管理，切实保护小农户利益。加快推进服务标准建设，鼓励有关部门、单位和服务组织、行业协会、标准协会研究制定符合当地实际的服务标准和服务规范。加强服务组织动态监测，支持地方探索建立社会化服务组织名录库，推动服务组织信用记录纳入全国信用信息共享平台。建立服务主体信用评价机制和托管服务主体名录管理制度，对于纳入名录管理、服务能力强、服务效果好的组织，予以重点扶持。加强服务价格指导，坚持服务价格由市场确定原则，引导服务组织合理确定各作业服务环节价格。加强服务合同监管，加强合同签订指导与管理，积极发挥合同监管在规范服务行为、确保服务质量等方面的重要作用。加快制定标准格式合同，规范服务行为，确保服务质量，保障农户利益。促进农业服务组织自律约束，加强行业自律管理。

加强农业社会化服务有关立法研究，依法促进农业服务业规范健康发展。

五是依托信息化手段尽快完成农业社会化服务平台体系建设。搭建全国和区域性农业社会化综合服务平台，促进农业生产社会化服务与农业生产资料制造业深度融合，探索构建农业社会化服务区域协作网，提高资源利用效率，提升农业社会化服务市场化、专业化、信息化水平。加快推进全国农业生产托管服务组织名录库建设，实现全国服务组织发展信息共享。大力支持区域性农业生产性服务示范中心和基层农业生产托管服务站建设，为小农户和新型农业经营主体提供耕、种、防、收等各环节"菜单式"托管服务。鼓励各类服务组织依托服务平台加强联合合作，推动服务链条横向拓展、纵向延伸，建立紧密的利益联结和分享机制。积极发展服务联合体、服务联盟等新型组织形式，打造一体化的服务组织体系。坚持共享共用理念，通过线上线下多种方式、多种渠道，不断创新服务模式，推动服务资源整合，提高资源利用效率。

六是高度重视和加快农业社会化服务专业人才队伍建设。以培育一支扎根基层、"一懂两爱"的专业化农业社会化服务队伍为目标，建立健全农业农村部门牵头、有关部门参与、全系统协调联动、社会力量广泛参与的社会化服务专业人才培养机制。完善社会化服务专业人才分级分类培训机制，提高专业服务人才培训的精准性和实效性。实施社会化服务专业人员学历提升计划，推动职业院校通过"定向招生、定向培养、定向就业"方式引导高素质农科毕业生到基层开展社会化服务，加大对基层农业植保员、农机实用人才、畜牧兽医等各类亟须专业服务人才的培养。依托现代农业产业技术体系、国家重点实验室、国家农业科技创新联盟等平台，协同培养高层次的农业社会化服务人才。依托示范性农业服务主体建设实习实训基地，做好农业服务人才示范培训与系统轮训。探索开展农业社会化服务技能等级认定试点工作，加强农业社会化服务职业技能鉴定机构监管。鼓励各地开展新型农业社会化服务人才的国际交流合作，全面拓展农业社会化服务人才成长成才渠道。

功能分化视角下宅基地制度改革路径研究

吕　萍

一、农村宅基地制度改革试点的主要内容

为完善农村土地制度改革顶层设计，有效化解当前农村宅基地利用过程中出现的系列问题，从 2015 年开始，浙江义乌、江西余江等 15 个县（市、区）开展了宅基地制度改革试点。改革经历了"单项批复—范围拓展—期限延长"等过程，围绕健全宅基地权益保障和取得方式、完善宅基地审批制度、探索宅基地有偿使用和自愿有偿退出机制三个方面内容展开试点，并根据自身人口状况、土地资源禀赋、产业发展等基底条件形成了差异化模式。

（一）探索多元宅基地居住保障方式

根据宅基地资源禀赋程度不同，各地区坚持因地制宜、分类施策等原则，在保障农户居住权方面进行了多元探索。对宅基地资源比较丰富的传统农区，严格落实"一户一宅"；对人均耕地少、二三产业比较发达的"城中村""城郊村"地区，实行"统规统建""集中统建""多户联建"；部分地区在土地利用总体规划确定的城镇建设用地规模范围内，探索集中建设农民公寓和农民住宅小区；产业需求

注：本文系《推进农村宅基地制度改革研究》课题研究成果节选，课题主持人：吕萍，单位：中国人民大学，课题参与人：宋志红、唐健、张磊、施昱年、张书海、林超、陈卫华、于淼、顾岳汉、胡元瑞、宋蕾。课题组承诺本成果严格遵守了相关学术研究道德规范。

多元旺盛的浙江义乌等地则进一步进行了有偿调剂、有偿选位等市场化探索。

（二）下放宅基地审批权限

各地区普遍尝试简化审批流程，优化审批程序，下放宅基地审批权。其中，存量建设用地的审批权由县级政府下放至乡镇政府，新增建设用地由县级政府审批。浙江义乌、福建晋江、四川泸县、安徽金寨等地区注重审批平台建设，实现宅基地审批管理智慧化、一体化。部分地区探索乡村治理重心下沉，在村两委班子和村民之间建立"微单元"，提高村民自治水平，如江西余江、云南大理、湖南浏阳成立村民事务理事会，湖北宜城建立镇、村、组"三长负责——三联互通——三单销号"的"三三制"。

（三）实行差异化的有偿使用和退出制度

人地矛盾较宽松的地区，如湖北宜城、宁夏平罗，对超占宅基地认定标准较宽，无偿使用的标准均在 200 平方米/户以上，收取较低的有偿使用费；人地矛盾较尖锐的地区，无偿使用的宅基地面积认定更为精细，有偿使用费的收取标准通常也较高，比如江苏武进增设人均使用面积不超过 30 平方米的标准。产业需求多元旺盛的浙江义乌、福建晋江等地宅基地自愿有偿退出规模较大，并与建设用地增减挂钩等政策结合，为产业发展提供用地空间。

二、农村宅基地功能分化区域划分标准及类型

政策创新源于政策环境，宅基地制度改革的核心内容是宅基地资源有效配置，因此改革基调必须考虑本地宅基地供需情况。从供给面看，土地资源禀赋对于一户一宅落实方式、闲置宅基地退出规模等有着较大有影响；从需求面看，人口主要反映了居住需求，而产业反映了发展需求，两者又密切相关，将影响改革的进度和价值导向。本研究以 2015 年确定的 15 个宅基地制度改革试点地区为研究对象，从人

地关系和产业发展角度审视各地区改革前的政策环境，对宅基地制度改革模式进行划分。

采用户籍人口与行政区划面积比衡量人地关系。与 2014 年全国平均水平（141.98 人/平方千米）进行比较，低于全国平均水平 3 倍以内为人地关系宽松，高于平均水平 3 倍以上为人地关系紧张。产业发展参考 2014 年全国县域经济强县全样本库入库标准，地区生产总值达到 300 亿元的地区为产业发达地区，其余为产业欠发达地区。

结果如图 1 所示，大致可以区分为 4 类区域，福建晋江、江苏武进、浙江义乌、天津蓟州为"人地关系紧张—产业发达"型；湖南浏阳、云南大理为"人地关系宽松—产业发达"型；湖北宜城、宁夏平罗、安徽金寨、江西余江、青海湟源、西藏曲水为"人地关系宽松—产业欠发达"型；四川泸县、新疆伊宁、陕西高陵为"人地关系紧张—产业欠发达"型。

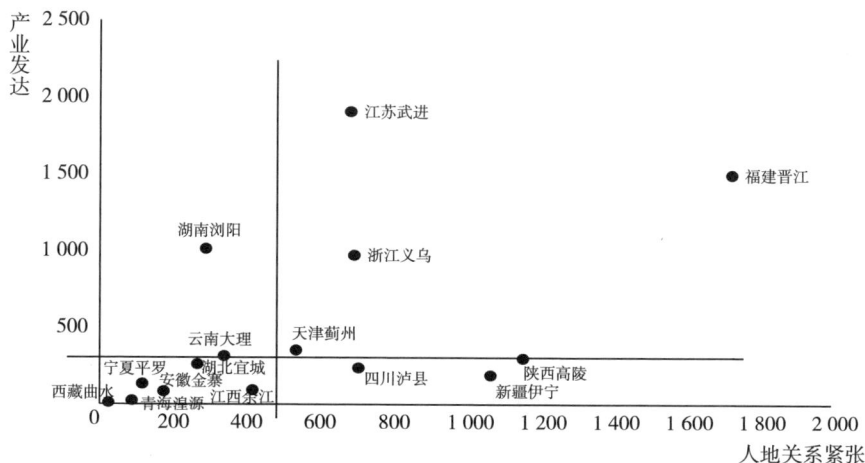

图 1　基于人地关系和产业发展的类型划分

三、不同区域宅基地功能分化特征

四种类型不仅代表了不同的改革试点模式，而且分别体现出了不同的功能分化特征。农村宅基地功能分化就是指从过去单一的居住保障功能逐渐分化出生产空间功能、财产功能等非居住保障功能开发与利用的现象。这种分化随着区域"人口—土地—产业"情况表现出不同的程度差异。

（一）"人地关系紧张—产业发达"型地区

这些地区主要位于东部沿海区域，宅基地资源紧张稀缺，外来人口不断流入，人地矛盾极为尖锐，产业经济发达，功能分化现象突出，呈现以下特征：一是传统的"一户一宅"制度已经无法落实宅基地居住保障功能，急需探索新型农村居民住房保障形式。义乌、晋江等四地积极探索新社区集聚建设、"空心村"改造、"异地奔小康"、货币置换工程、多户联建等多元住房保障形式。二是区域经济发展带来土地市场价值快速上涨，农民谋求宅基地财产功能诉求迫切。截至2019年下半年，义乌抵押贷款余额达95.4亿，晋江和武进分别为23.49亿和1.22亿元。三是土地供需矛盾紧张，宅基地成为乡村产业发展空间的拓展方向。义乌、晋江依托"互联网+"大力实施"百村电商"工程；蓟州、武进鼓励农民利用自有住宅从事乡村旅游经营或依托腾退土地培育集体经济，促进农村产业发展。

（二）"人地关系紧张—产业欠发达"型地区

此类地区人口密度较大，有一定产业基础，但仍然相对薄弱，需要盘活闲置土地资源和培育产业主体，功能分化呈现以下特征：一是农村宅基地居住保障功能仍为主导功能，但是村民对于人居环境改善有诉求。三地通过农村社区集中居住，修建公共服务配套设施，提高居住品质。二是区域经济发展相对薄弱，宅基地财产功能价值不高，宅基地市场潜力有限。三地试点开展宅基地和农房抵押贷款，但抵押规模较小，截至2018年，伊宁累计实现农房抵押贷款62宗916.8万元；截至2019年3月，高陵累计实现53宗，1 105万元。三是产业经济薄弱，土地供需矛盾相对缓和，国有土地是产业用地主要来源，但是也存在宅基地作为生产空间开发利用现象。

(三)"人地关系宽松—产业欠发达"型地区

此类地区人地关系宽松,但产业基础十分薄弱,功能分化不明显,具体特征如下:一是农村宅基地及其农房仍发挥着重要的居住保障功能,但同时存在着空置、凋敝、一户多宅等资源低效利用的情况。以余江为例,一户多宅村民占到全体村民 39.73%,农村宅基地 92 350 宗,其中闲置房屋 2.3 万栋,危房 8 300 栋,倒塌房屋 7 200 栋。二是区域经济发展水平低,宅基地财产功能价值低,市场潜力较小。截至 2018 年,金寨、曲水共发放农房抵押贷款 2 167.68 万元和 480 万元,而义乌同期已累计发放 95.4 亿元,市场化差距悬殊。三是产业用地需求较少,农村宅基地几乎不存在大规模非居住保障功能开发与利用。

(四)"人地关系宽松—产业发达"型地区

此类地区人地关系宽松,产业基础较好,宅基地功能已经有一定程度分化,具体特征如下:一是农村宅基地居住保障功能有所弱化,在落实一户一宅的基础上,分区域实行不同的村庄居住模式,根据村民需要自愿探索统规自建、农民公寓、农民住宅小区等多种方式,改善农民居住条件。二是区域经济发展较为发达,农村宅基地财产功能具有一定价值,具备一定的流转市场潜力。截至 2019 年,浏阳抵押贷款金额达 47.6 亿。大理通过规划引领集体对土地使用权进行有序流转,规范宅基地及地上房屋租赁,显化宅基地收益权,适度推动宅基地和农房抵押贷款,贷款金额约 8 000 万。三是具备一定的产业基础,村民利用宅基地进行创业,或是作为小微企业的生产空间,以减少用地成本。大理地区村民利用自家农房开展特色民宿旅游,浏阳则是很早就开始利用宅基地从事花炮生产。四是宅基地退出后的用途较为单一,发展的可持续性有待提升。浏阳、大理退出后的宅基地按照适宜性原则主要用于农田复垦和农村集中居民点建设,较少进行指标交易引进新型乡村产业。两地产业虽较为发达但结构单一,对主导产业的依赖性较强,乡村发展的可持续性有待提升。

四、基于功能分化视角的宅基地改革路径

(一)"人地关系紧张—产业发达"地区的改革路径

首先,构建新型农村住房保障体系,多种方式提供居住保障。探索多元化农村宅基地资格权保障方式,尝试建立农村住房制度体系,发展农村租赁住房市场,"一户一宅"与"一户一居"并举,既要满足本村居民住房保障,也要考虑外来流动人口、返乡"新农民"的住房需求。其次,深挖宅基地生产功能,拓展乡村产业发展空间。一方面处理生产性宅基地历史遗留问题,按照是否符合两规、是否符合建筑质量安全,是否符合环保要求三项底线原则,分类实施,有奖有罚,提效增质;另一方面,打通宅基地与集体经营性建设用地入市,引导和鼓励将低效、闲置宅基地腾退、复垦入市,保证乡村产业长久发展空间。最后,增强宅基地的资产功能发挥,为集体经济发展注入新动能。产业发展水平高、区位较好地区,其农村宅基地资产价值大,鼓励农民利用宅基地进行农房出租、抵押,获得财产性收益。有条件的农村集体组织可以利用集中连片宅基地复垦指标交易,获取土地增值收益,为集体经济发展注入资金。

(二)"人地关系紧张—产业欠发达"地区的改革路径

首先,推进多元化的宅基地居住功能区建设。严格控制农村新增宅基地审批,在征得村民同意的前提下可以通过"统规统建""集中统建""多户联建"等更多元的方式满足其居住需求。其次,适度发挥宅基地生产功能,不搞"大拆大建"。产业欠发达地区,用地需求矛盾相对较小。应当主要针对低效、闲置宅基地进行复垦整理、退出,在保证耕地保护红线前提下,适度允许农村宅基地转为集体经营性建设用地入市,补充产业发展用地,为小微企业孵化提供土地保障。最后,建立宅基地资产功能实现机制。该地区经济条件有限,宅基地市场价值有限,村民更倾向于私下交易,应当建立正规渠道的资

产功能实现机制，规范农民隐形宅基地流转和抵押，逐步培育农户宅基地的财产功能认知。

（三）"人地关系宽松—产业欠发达"地区的改革路径

首先，强化落实宅基地基本居住功能，减少资源浪费。此类地区大多地广人稀，人口不断流出，土地后备资源丰富，人地关系十分宽松，应当在严格落实一户一宅的基础上提高土地利用效率，鼓励农民自愿退出闲置宅基地。其次，适度拓展宅基地的辅助性生产功能。对于处于经济欠发达地区，交通区位差，市场价值低，周边缺乏特色旅游资源或产业基础地区的宅基地，可以充分发掘其辅助性生产功能，发展蘑菇种植、茶叶烘焙、家禽养殖等小型农副产业，提高农民生产收益。最后，跨区域指标交易，探索实现宅基地的资产功能。由于产业基础薄弱，经济状况较差，土地市场发育滞后，当地用地需求极小，几乎没有流转（农房抵押）市场，农村宅基地的资产价值偏低。因此可考虑在确保宅基地基本居住功能和辅助性生产功能的前提下，探索通过复垦指标跨区域交易，获取土地发展权收益，为乡村发展提供资金来源。

（四）"人地关系宽松—产业发达"地区改革路径

首先，落实宅基地基本居住功能，优化村庄居住布局。此类地区人地关系较为宽松，但许多村民居住分散，区位较差，公共基础设施配套一般。所以，应当结合当地自然地形条件，建设集中居住小区，配合进行宅基地退出，优化村庄布局，满足村民改善性住房需求。其次，继续深挖存量宅基地的生产功能，规范新增宅基地利用。提高存量生产性宅基地利用效率，规范中小企业和村民个人宅基地开发利用行为，解决历史遗留问题。严格审批新增宅基地，做到"建新拆旧"，新增宅基地从事商业经营要进行工商注册和分割登记。最后，继续扩大农村宅基地与住房抵押，为产业发展提供资金。继续推动农村宅基地与住房贷款工作。将信用贷款与抵押贷款相结合，发挥宅基地及农房财产功能，为乡村小微产业发展提供资金。

凿穿农村金融数字鸿沟

——"数字普惠金融助力县域产业发展"报告

贝多广

在乡村振兴战略实施过程中，由于县域产业、经营主体的变化，金融服务的需求相应地也发生了改变。中国人民大学中国普惠金融研究院通过调研数据、统计分析得出总体结论：目前的农村金融服务总体上由于市场效率不高而存在"供需缺口"，而数字普惠金融可以提高效率，填补"供需缺口"，从而推动县域产业和经济发展。但目前中国县域的数字化程度普遍不高，形成了数字普惠金融发展最重要的障碍——凿穿数字鸿沟成为构建普惠金融生态的关键。建议从五方面着手，推进县域数字普惠金融发展：第一，构建适合县域产业发展的普惠金融生态体系；第二，夯实县域产业的数字化基础，推动三农"数字化"顶层设计的具体实施，避免新型"数字（普惠金融）鸿沟"；第三，积极建设与探索金融信用信息服务平台的区域合作，打破"数据孤岛"；第四，鼓励金融机构基于各自优势进行合作，利用数字金融技术创新金融产品；第五，拓宽融资渠道。

一、数字金融增效县域普惠金融

中国县域大部分地区仍然是传统上所称的"农村地区"，中国的农村经济在过去 70 年中取得了长足的发展，但产业主体依然以小农、

注：本文系《数字普惠金融助力县域产业发展研究》课题研究成果节选，课题主持人：贝多广，单位：中国人民大学，课题参与人：莫秀根、张晓峰、汪雯羽。课题组承诺本成果严格遵守了相关学术研究道德规范。

家庭农场、农民合作社、个体户、小商店、微型企业等"微弱经济体"为主。由于群体非常的多样化，需要不同类型的、不同规模的金融机构提供精准的服务，因此，完善普惠金融生态体系是解决农村金融服务问题的可行方案。数字普惠金融由于小额、简便快捷、成本低、客户体验好、服务效率高、商业可持续性好，是普惠金融生态体系实现其目标的有效途径与手段。

（一）数字金融服务覆盖效率高

以数字信贷为例，数字普惠金融相对传统金融的比较优势明显。践行普惠金融的孟加拉国经济学家尤努斯教授创立的格莱珉银行，在超过 40 年的时间内帮助了超过 800 万农村妇女获得贷款；而作为数字金融发展的代表，我国的互联网银行在短短三四年内服务客户数就超过了格莱珉银行。如表 1 所示。

表 1　互联网银行的普惠金融业务覆盖面广

银行	截至 2018 年普惠金融服务情况
网商银行	成立 3 年，累积服务涉农用户超过 700 万户，累计发放贷款超过 5 115 亿元
微众银行	2018 年中，在 29 个国贫县的"微粒贷"累积信贷规模超 500 亿元
新网银行	开业 3 年以来，客户总数 1 605 万人，80% 客户来自三四线城市和农村地区，累积放款金额 1 601 亿元

数据来源：2018 年银行年报

（二）数字普惠金融服务对象多数是传统金融未覆盖到的人群

互联网银行的服务对象主要是"信用白户"，也就是此前未获得过正规金融机构贷款的人群，而大多数"微弱经济体"就属于这类人群，如表 2 所示。

表 2　互联网银行的授信对象多数是首次获得银行信贷

银行	首次获授信客户情况
微众银行	授信企业客户中，三分之二属于首次获得银行贷款

（续）

银行	首次获授信客户情况
网商银行	80％的县域金融服务授信客户，属于其独有客户
新网银行	80％的客户来自三四线城市和农村地区，大量人群首次获得银行贷款

数据来源：2018 年银行年报及调研访谈

（三）数字普惠金融在触达、风控、贷后管理方面成本更低

根据中国人民大学小微金融研究中心的调研结果，2015 年以线下业务为主的中和农信在客户触达、风控、贷后管理等成本约占贷款余额 11.2％。与此相比，互联网银行的线上运营成本较低，以蚂蚁金服为例，其每笔农村信贷的运营成本仅为 2 元左右。

（四）数字普惠金融服务商业可持续性最好

从已有数据来看，在各类型银行中，互联网银行的普惠金融服务商业可持续性最好。无论是单纯考虑风险的不良率指标，还是更加客观的经过风险调整的收益风险比指标（收益风险比＝银行的净息差/不良贷款率），均好于目前农村金融服务的主要供应商——农商行，也好于其他类型银行。

第一，银行可有效控制普惠金融服务的风险。很多研究人员将小微企业"融资难、融资贵"归因于小微企业贷款的风险大、不良率较高。但上市银行年报相关数据的算术平均数显示，近年来快速发展的互联网银行的不良贷款率均较低，低于上市银行 2018 年的平均不良贷款率 1.52％，如表 3、表 4 所示。

表 3　主要互联网银行 2018 年年报财务指标

名称	不良贷款率（％）	资产规模（亿元）	主要客户群体
网商银行	1.3	959	小微企业、个体工商户
微众银行	0.51	2 200	个人消费

表 4 传统银行近年来不良率

年份	2018	2017	2016
大型银行（%）	1.39	1.43	1.56
股份制银行（%）	1.64	1.65	1.57
城商行（%）	1.39	1.37	1.32
农商行（%）	1.65	1.82	1.85
所有上市银行（%）	1.52	1.55	1.54

数据来源：上市银行历年年报

反观传统银行的贷款总体不良率，近年来保持相对稳定，但所有类型银行的不良率均比互联网银行的不良率高[①]，如表 4 所示。

第二，数字金融能力较强的互联网银行的收益风险比相对较高，如表 5 所示。

表 5 2018 年底互联网银行的收益风险比情况

名称	不良贷款率（%）	净息差（%）	收益风险比率	主要客户群体
网商银行	1.3	5.4	4.2	小微企业、农户*
微众银行	0.51	3.9	7.6	个人消费为主
农商行	3.96	3.02	0.8	三农

注：* 2017 年末，涉农贷款余额为 39 亿元，占全部余额比率 11.9%。网商银行是蚂蚁金服集团中专业服务于小微企业和农户的银行业机构，在授信时会根据客户资料排除个人消费业务，其个人消费业务主要由其小贷公司承担。

（五）数字普惠金融服务用户体验好

互联网银行的数字信贷产品相比传统机构，更加便捷、灵活。在申请与担保方式上，采用纯线上申请、信用贷款方式，真正做到了"借钱不求人、办事不出门"；在贷款期限上，传统线下银行往往采用一年或半年的固定借款期限，而数字信贷普遍实现随借随还、按日计息，并且单笔支用金额也采取灵活方式；在贷款发放时间上，一些领

---

① 事实上，如果只计算小微客户，传统银行的不良率可能会更高。

先的数字金融机构的产品可以做到几分钟之内发放到客户账户，极大的提高了效率。在信贷的各个环节上，用户体验都非常好。

从以上分析中可以看出，领先的数字普惠金融服务提供商的业务增长速度快、覆盖率更广、效率更高，且具有更高的商业可持续性，因此数字普惠金融已成为普惠金融的发展趋势，也是未来农村金融的发展方向。

二、农村数字普惠金融发展的瓶颈

数字普惠金融对于县域产业发展具有重要作用，目前发展模式也较为清晰，但在实践过程中，还存在如下一些影响其快速发展的问题。

(一)"三农"的数字化程度不足导致数字金融服务授信不足

在农村数字普惠金融具体业务中，数据化的深度和精准度与信贷效率呈现明显正相关关系。从蚂蚁金服提供的 9 个签约智慧县域信贷指标的数据变化中可以发现，该服务实施半年至一年后，各项信贷指标上升明显。这说明只有更精准的数据，才能带来精准的授信以及后续授信额度的提升。但目前中国县域的数字化程度普遍不高，这就形成了数字普惠金融发展的最重要的障碍。

第一，县域数字经济发展程度不同可能会带来"数字鸿沟"。近年来数字经济发展迅猛，给各地带来数字红利的同时也可能带来新的"数字鸿沟"。"数字鸿沟"在过去多年里体现为中国东部省份拥抱数字经济速度快、程度高，而西部地区发展数字经济水平较低。但随着近年西部省份加快发展数字经济以及移动支付等的普及，东西部省份和城乡之间的"数字鸿沟"有所弥合。但一种新的"数字鸿沟"可能正在形成，即各省和县域由于政府重视程度不同带来的数字经济发展的差异（如贵州省由于数字经济的发展，其增速在近十年来远高于全国其他省份，2008—2018 年间，其年化增速为 12.3%），以及由于产业主体（尤其是农业和农户）数字化转型程度不同带来的重大差异。

例如，数字普惠金融在数字化转型较快的县域，由于其产业和居民的数字化程度较高、对接程度高，得到的金融服务供给量就更大、更高效和可持续。

第二，三农的数字化程度不高，数字农业基础不成熟，数据归集和利用水平不足。数字农业的发展刚刚起步，物联网技术、3S 技术等智慧农业技术在多数县域处于初步试验阶段，未能广泛利用，从而使得农业数据的信息化非常困难；农村数字基础设施不完善，农民的数字化程度不高，这都导致了三农数据的信息化不足，从而数字授信存在困难。三农数字化水平提升对农村金融高质量发展起着基础作用。但目前三农数据的归集和利用还很不足。例如，农村土地的确权、流转信息、农业补贴、农村合作医疗、农民户籍信息、农业保险等信息没有得到充分的利用，上述数据如果可以进行有效归集并通过数据安全加密技术，在授权的前提下使用，可以在一定程度上提升数字金融服务的水平。

第三，三农数据平台建设与运营可持续性不足。县市发展数字经济存在诸多短板，其中数据及信息化基础设施短板尤为突出，《中国城市数字经济指数白皮书（2019）》显示，仅有不到 20% 的县市建有公共云平台和大数据中心。近年来一些县域的数字产业基础有所发展，但数据的归集与使用严重不足，数据平台的建设与运营不规范，即使建成了数据平台，但由于政府与企业的边界不清晰，行政成本过高，导致很多平台的运营不可持续，出现了很多"死库"，没有能够发挥其作用，无法发挥数字普惠金融对产业发展的支持作用。

第四，政府数据治理能力不足。数据治理能力建设，涉及三农数据资产权属界定、合理与安全使用、数据资产价值创造等多个方面，但县域政府目前的数据治理能力较弱，缺乏顶层设计，经常由于担心数据安全问题而将所有数据闲置，不能充分发挥其作用。数据可否安全使用，非常关键之处在于合理划分数据类型。目前来说，根据数据的产生来源，可将数据划分为个人数据、企业经营数据、产业生产数据（可通过现代农业技术获得的）、自然数据（如农作物、牲畜生长数据、蔬果生长的温度湿度数据、病虫害数据、自然灾害数据）等。不同来源的数据对安全性要求不同，如个人隐私数据由于涉及人身、财产问题，安全要求较高；而自然数据很多是必须披露的，因为事关食品安全，有些时候还要求溯源，这些数据通过现代技术如遥感技术等获得，可以合规使用；有些数据，如企业经营数据，在授权的情况下也可以合理使用。

（二）县域金融主力军农村金融机构的数字金融能力不足

县域的农村金融机构是农村金融服务的主力军，但总体而言其普惠金融服务的效率不高，一个非常重要的原因就在于数字金融能力不足。由于规模小、可投入少、与产业科技对接少，从而导致其产品创新不足。

第一，农村产业振兴的金融服务主体是传统的农村金融机构。一直以来，对于哪类机构是农村金融服务的主力军还存有争议，这需要对涉农贷款的结构进行具体的分类分析，如表 6 所示。

表 6　2018 年中资金融机构本外币涉农贷款结构

金融机构类型	农业（亿元）	占比（%）	农户（亿元）	占比（%）	农业、农户外其他涉农贷款（亿元）	占比（%）	全口径涉农贷款（亿元）	占比（%）
大型银行①	6 419	16.3	32 412	35.1	78 999	40.5	117 830	36.1
中型银行②	2 618	6.6	1 847	2.0	72 768	37.3	77 233	23.6
农村金融机构③	28 156	71.4	54 043	58.5	20 979	10.8	103 178	31.6
其他小型银行④	2 113	5.4	3 856	4.2	21 223	10.9	27 192	8.3
财务公司	118	0.3	164	0.2	1 091	0.6	1 373	0.4
合计	39 424	100.0	92 322	100.0	195 060	100.0	326 806	100.0

数据来源：中国农村金融服务报告（2018）
注：①大型银行是指六大行加国开行。
②中型银行包括农发行、口行及 9 家股份制银行、3 家城商行。
③农村金融机构是指农商行、农合行、村镇银行、农信社。
④其他小型银行指 3 家股份制银行（恒丰银行、浙商银行、渤海银行）、除 3 家中型银行外的其他城商行。

从表 6 中可以发现如下几点：首先，以全口径涉农贷款而言，大型银行的占比最大，为 36.1％；农村金融机构次之，为 31.6％。其次，以服务农村产业和经营主体的农业和农户贷款而言，农村金融机构占比分别为 71.4％和 58.5％。最后，以农业、农户外的其他涉农贷款而言，大中型银行分别占到了 40.5％、37.3％，二者之和将近 80％。

由此可以得出结论，由于其他涉农贷款主要是国开行、农发行、大型银行所支持的基础设施、大型项目等，虽然这些设施和项目与微弱经济体的福祉息息相关，但它们与乡村产业振兴主体的相关度并没有农业和农户贷款高。从这一意义上可以讲，农村产业振兴的金融服务主力军依然是农商行、农信社、村镇银行等农村金融机构，而事关农村基础设施、居住环境等与农村居民生活质量相关的其他涉农贷款则主要由大中型银行提供，二者相辅相成，并没有孰重孰轻的区别。

第二，用于金融科技的投入少。县域金融机构的数字金融能力不足，这是由于其自身的可投入资金、县域人才资源、科技投入等不足，依靠单个法人机构的力量无法实现有效的能力提升。如表 7 所示。

表 7 2018 年各类银行金融科技资金投入

机构名称	2018 年募资额/金融科技募资/投入额*（亿元）
大型银行	87.3
股份制银行	33.7
城商行	3.0
农商行	1.6

注：*大型、股份制、城商行、农商行数据为 2018 年金融科技投入的平均值，数据来自银行年报。

第三，与农业科技及其他产业科技结合少，产品创新不足。传统金融机构虽然也在利用数字普惠金融技术，但与农业和农村其他产业的融合较少，这导致数字普惠金融的创新产品较少，对于产业的发展助力也就相对有限。农业科技与金融科技的结合可以用于数字信贷，在条件成熟的时候还可用于数字保险。

（三）新型数字普惠金融机构的县域金融服务受限于较小的资产规模

新型互联网银行是数字普惠金融服务的重要提供商，也是目前效率最高、商业可持续最好的数字普惠金融服务提供商，其小微、县域客户数量也在快速增长。但由于成立时间短，虽然成立的近五年相继盈利，但还没有经过完整经济周期的验证，因此监管部门对互联网银行的发展处于适度鼓励阶段。作为普惠金融业务风控能力最强的银行，其资产规模依然偏小，资本充足率的监管要求也制约了其农村金融服务的规模，如表 8 所示。

表 8　2018 年主要互联网银行的规模分析

	净利润	总资产
商业银行总体（亿元）	18 302	2 033 556
农商银行（亿元）	2 094	249 286
主要互联网银行（亿元）	35	3 520
互联网银行占商业银行比（%）	0.19	0.17
互联网银行占农商银行比（%）	1.67	1.41

数据来源：各类型银行的年报

三、加强农村数字普惠金融发展的政策建议

综合以上分析，提出如下几个方面加强农村数字普惠金融建设的政策建议。

（一）构建适合县域产业发展的普惠金融生态体系

只有形成良好的农村金融生态体系，才能有效服务于乡村振兴战略目标的实现，良好的生态体系需要如下几个方面的建设：

第一，完备的金融基础设施。金融基础设施包括支付、信用体系、农业政策性融资担保、法律体系、指标体系等。

第二，多元化、多层次、综合性的组织与产品体系。如上述分析，农户、产业经营主体对金融服务需求的变化催生了多元化、多层

次、综合性的金融服务，这就需要完善农村金融的组织和产品体系。农村金融之前主要聚焦于信贷与储蓄，而现在的金融服务则客观上要求有保险、信托、期货、担保、直接融资等多元化的产品。同时还需要机构的多元化，针对不同规模、不同生命周期的客户，需要有大中小型银行、政策性金融、合作性金融机构、风险投资、股权投资、信托公司等各种类型的金融机构提供相应的服务。在中长期内，还需要多层次的金融市场。由于企业的规模不同、生命周期不同，因此其对金融服务的规模、质量要求不同，因此需要多层次的金融服务。如多层次的股票、债券、产业投资基金市场，大中型银行、小型银行、小贷公司共存的信贷市场等。

第三，高效的监管与政策支持体系。良好的农村普惠金融生态体系更需要有高效的监管和财政、货币政策支持体系，以维护市场秩序，激励真正发挥支持乡村产业振兴作用的金融机构。

（二）夯实县域产业的数字化基础，推动三农"数字化"顶层设计的具体实施，避免新型"数字鸿沟"

第一，推进县域产业的数字化基础，避免新型"数字鸿沟"的扩大。推动县域尤其是乡镇一级的高速互联网、移动互联网的基础设施建设；鼓励县域产业主体运用现代数字农业技术，如物联网、3S技术，提升农产品质量、标准化、可溯源、农业数据的信息化。

第二，在顶层设计方面，建议中国在实施乡村振兴战略过程中，应同步对三农数字化提出规划的具体实施，补上三农数字化相对落后的短板。要推出具体措施提升县域政府的数据治理能力，对不同来源的数据进行合理分类与有效使用，使数据变资产，使资产创造价值。

（三）积极建设与探索金融信用信息服务平台区域合作，打破"数据孤岛"

首先，推动三农数据的有效归集和适度共享，提升其利用水平。对一些基础性数据，如土地确权、流转信息、农业补贴、合作医疗、户籍、农业保险等，可通过数据安全技术提供给合规的金融机构规范和合理地使用，加快三农数据平台的建设与可持续运营，以及平台数据的定期更新。

第二，建设统一的金融信用信息共享平台。在保证数据规范使用的前提下打破"数据孤岛"，实现金融信息、其他政府各个部门的数据整合与利用，建设金融信用信息共享平台。在我国的一些金融改革试验区中，在平台建设方面目前已经有较为成功的案例，可以考虑成熟之后逐步向全国推广复制。

第三，推动政府信用信息平台与金融机构合作。建设数据平台后，政府要鼓励金融机构利用平台信息开展小微群体信息查询、构建信贷模型，拓宽融资覆盖率。

第四，推动在条件成熟的区域开展地区间数据合作。目前长三角区域已经开展了"长三角征信链"合作，通过各地的信用信息服务平台的数据共享，可以进一步提升中小微企业的服务覆盖率。目前已有上海、南京、杭州、合肥、台州、苏州、常州、宿迁在内的8个城市加入长三角征信链，实现了企业征信数据的共享。

（四）鼓励金融机构合作进行优势互补，利用数字金融技术创新金融产品

第一，鼓励农村金融机构积极运用数字金融技术，扩大普惠金融供给，逐步提升纯信用贷款、首贷户的比率。

第二，推动新型互联网银行与农村金融机构基于各自优势进行联合贷款与技术输出，提升信贷可得性与县域金融机构的数字风控能力。目前我国的农村金融机构已经开始逐步推广数字金融技术的运用，但由于技术资金人才的匮乏，因此必须与技术先进的机构开展合作，扩大覆盖率，并逐步降低小微群体的融资成本。

第三，鼓励农村金融机构将金融科技与农业科技结合，创新金融产品。如基于"农业科技＋金融科技"的"数字保险""数字保证保险信贷"等产品。

（五）拓宽融资渠道

数字普惠金融是高效的普惠金融服务，但效率最高的互联网银行受制于规模小，其普惠金融服务供给不足。同时，作为农村金融服务主力军的传统农村金融机构的资金实力作为单个法人机构也非常有限，导致其服务乡村振兴战略的资金规模和金融科技投入都有限，妨碍其充分发挥服务乡村的作用。政策制定机构与监管部门可在精准考核金融机构服务乡村振兴的绩效基础上，适当拓宽这些金融机构的融资渠道，以补充其农村金融服务的资本金，如降低支农、支小再贷款利率，也可考虑设立农村金融专项融资政策，降低金融机构的资金成本，支持发行主动性负债融资，如永续债、ABS、二级资本债等缓解资本压力，从而解决农村产业主体的"融资难""融资贵"问题，更好地服务乡村振兴战略，助力共同富裕目标等国家战略的实现。

农业全产业链大数据建设是引领驱动
农业现代化的战略举措

王小兵　郭志杰

　　当前，信息化已进入到大数据发展的新阶段，数据日益成为重要的战略资源，世界各国都把发展大数据作为国家战略进行部署和推进。近年来，党中央、国务院高度重视、抢抓机遇，推动大数据在各行业、各领域得到快速发展和创新应用。农业农村是大数据产生和应用的重要领域，但与制造业、服务业以及电力、金融、水利、气象等行业和领域相比，农业大数据发展明显滞后。从国内外的实践看，大数据、人工智能、区块链等现代信息技术为我国这样的小规模农业实现现代化提供了变道超车的机遇。我们应当顺应大数据发展趋势，突出抓好农业全产业链大数据建设，进而引领驱动农业现代化加快发展。

　　课题组研究认为，农业全产业链大数据是指，以数据为关键要素，以现代信息技术为创新动力，对农业生产、加工、销售、库存、消费、进出口等全产业链条进行数据采集、分析、应用，发挥优化资源配置、预测预警等功能，进而释放数据经济价值、提高全要素生产率、促进农业高质量发展的现代农业生产经营业态。研究发现，农业全产业链大数据将促使农业数据链与农业产业链交叉融合，形成类似于DNA的

　　注：本文系《农业全产业链大数据建设研究》课题研究成果节选，课题主持人：王小兵、郭志杰，单位：农业农村部信息中心，课题参与人：刘桂才、韩福军、李崇信、钟永玲、郁跃伟、孙锐、康春鹏、孟丽、张祚本、林海鹏、李想、杨硕、程书娟、董春岩、梁栋、马晔、张珊、张向飞、王瑶、程海平、曹学建、温明月。课题组承诺本成果严格遵守了相关学术研究道德规范。

双螺旋结构，数据将成为驱动农业转型升级不可或缺的基因（图1）。可以说，农业全产业链大数据是数字乡村最重要的建设内容，是农业数字转型的必经途径，是发展农业数字经济的主阵地。要加快农业全产业链大数据建设，使农业产业链全过程每一个环节都有数据支撑，通过数据流带动技术、资金、人才、物资等各要素流动，发挥数字的放大、叠加、倍增作用，为农业现代化发展创建一个全新的动力机制。

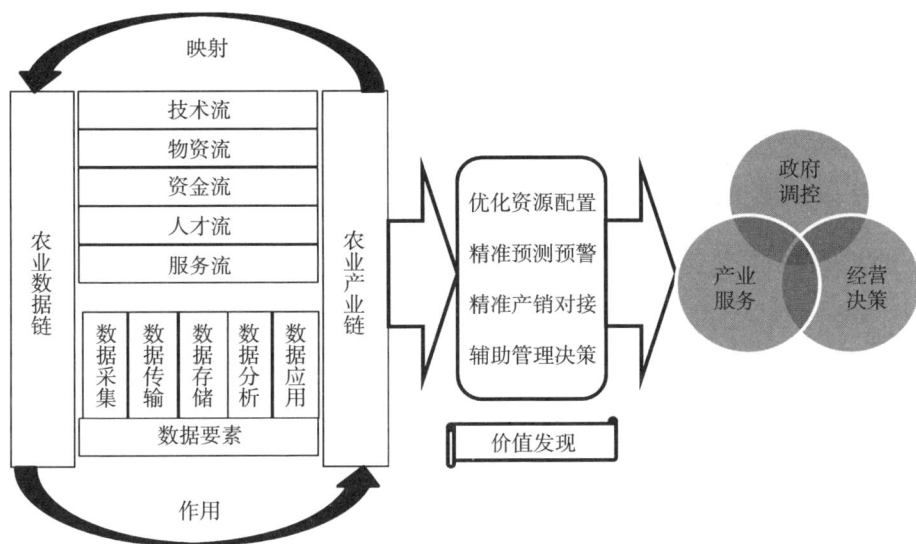

图 1　农业全产业链大数据价值链模型

一、农业全产业链大数据迎来良好发展机遇

近年来，中央多个文件就农业农村大数据和重要农产品全产业链大数据建设作出部署，农业农村部及时出台指导意见、开展试点建设等，多措并举加快推进落实。在技术驱动、市场拉动、政策推动等多重因素下，我国农业大数据发展取得积极进展，农业全产业链大数据迎来千载难逢的发展机遇。

（一）政策体系逐步构建，为农业全产业链大数据建设提供良好环境

2018 年中央 1 号文件提出发展数字农业。2019 年中央 1 号文

件、2019 年 5 月中办国办印发的《数字乡村发展战略纲要》都对"推进重要农产品全产业链大数据建设"作出部署。农业农村部等有关部门积极贯彻落实中央决策部署，先后出台《关于推进农业农村大数据发展的实施意见》《数字农业农村发展规划（2019—2025年)》《关于开展国家数字乡村试点工作的通知》等多个文件，扎实推进农业大数据和重要农产品全产业链大数据建设。顶层设计的加强，政策体系的完善，为农业全产业链大数据建设提供了良好发展环境。

（二）农村网络基础设施明显改善，为农业全产业链大数据建设提供有力支撑

截至 2019 年底，全国行政村通光纤和通 4G 比例均超过 98%，贫困村通宽带比例达到 99%，农村每百户拥有计算机和移动电话分别达到 29.2 台和 246.1 部。农业遥感、北斗导航和通信卫星应用体系初步构建，"高分六号"成功发射。物联网监测设施加速推广，应用于农机深松整地作业面积累计超过 1.5 亿亩。5G 技术加快发展和商用推广，正在成为产业互联网提速发展的"高速公路"。这些都为农业全产业链大数据建设创造了坚实的基础支撑条件。

（三）大数据技术快速发展，为农业全产业链大数据建设提供创新动力

数据采集技术方面，传统监测统计方法创新、互联网数据和文本挖掘、物联网和遥感数据在线动态采集、科学实验和检验检测数据等四条渠道齐头并进。数据分析技术方面，气象灾害预警、市场价格监测、产量动态评估等智能模型算法加快构建。大数据技术集成应用方面，具有自主知识产权的传感器、无人机、农业机器人等技术的研发应用不断推进，集成卫星遥感、航空遥感、地面物联网的应用技术日臻成熟，基于北斗自动导航的农机作业监测技术取得重要突破，无人植保、无人插秧等数字化生产方式正在变为现实。

（四）农业数据资源高速增长，为农业全产业链大数据建设提供关键要素

生产数据资源方面，农业物联网应用服务、感知数据描述和传感设备基础规范等一批国家和行业标准陆续出台，农业物联网设备在农业资源监测利用、农业生产环境监测、动植物本体感知、农业生产精细管理和农产品质量安全溯源等方面得到推广应用，开始产生海量生产数据。流通消费数据资源方面，农业电商快速普及应用，订单农业、云养殖、网络带货、直播电商等新模式不断涌现，带动新一代信息技术在农业生产经营管理中加速渗透与广泛应用，使得农业流通、消费环节的数据呈爆发式增长态势。

（五）试点工程项目扎实推进，为农业全产业链大数据建设提供经验借鉴

近年来，农业农村部先后开展了农业物联网区域试验示范工程建设、农业农村大数据试点建设等，为农业生产环节数字化改造、发挥数据在农业节本增效方面的积极作用积累了经验。特别是从 2017 年开始，农业农村部启动实施数字农业试点县建设项目，从大田种植、园艺作物、畜禽养殖等多个行业领域，累计安排 57 个县级试点。2019 年，又在全国范围内以苹果、大豆、棉花、茶叶、油料、天然橡胶等 6 个品种为试点，深入探索单品种全产业链大数据建设路径、模式等。浙江、江西、湖北、重庆、陕西等省市也结合地方实际，谋划安排了一批特色、优势重点农产品全产业链大数据建设试点项目。

（六）政产学研多元主体参与，为农业全产业链大数据建设提供共生机制

从各地实践看，农业全产业链大数据建设投入主体、参与主体呈现多元化特点，形成政府搭台、市场主体、社会参与的共建格局。据

调查分析，主要有农业生产经营主体自主建设型、信息技术企业主导建设型、政府支持企业建设型以及政产学研联合建设型 4 种类型。多元主体的参与，有利于探索构建农业全产业链大数据建设协同共生机制。

尽管我国农业全产业链大数据建设取得一定成绩，但同发达国家相比，同网络强国战略、数字乡村发展战略目标相比，我国农业全产业链大数据建设仍处于起步探索阶段，在很多方面还有不小差距。主要问题表现在农业数据资源建设基础薄弱、大数据资源共享机制不健全、农业数字技术研发和智能装备明显滞后、大数据分析应用与产业融合发展不充分等，顶层设计、政策支持等保障措施亟待加强。

二、农业全产业链大数据为农业发展提供持续创新动力

当前，我国农业正处于加快转型升级、推进高质量发展的新阶段。数据作为新型生产要素，正在深度融入到农业产业的全链条、全过程，将为农业发展提供不竭动力（图 2）。

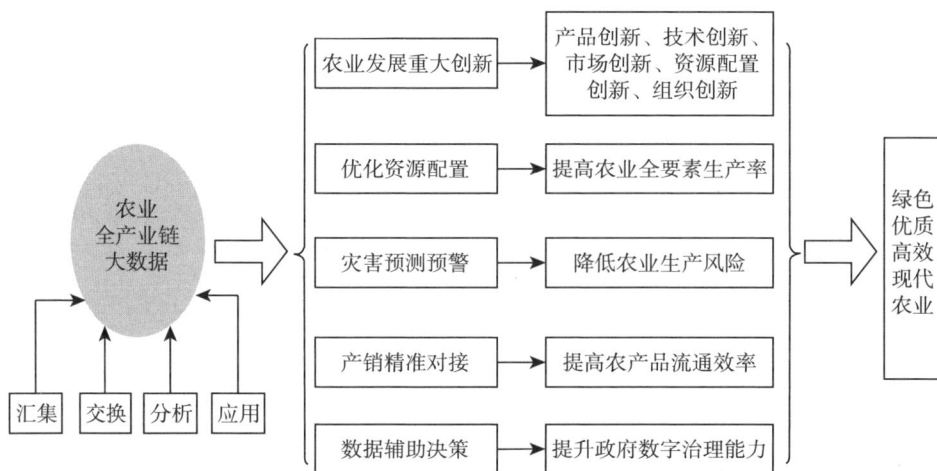

图 2　农业全产业链大数据动力机制模型

（一）利用农业全产业链大数据，可以实现现代农业发展的重大创新

美国经济学家约瑟夫·熊彼特提出了创新的五种形式，即产品创新、技术创新、市场创新、资源配置创新、组织创新。利用农业全产业链大数据，可以实现现代农业上述五个方面的创新。产品创新上，通过在农产品生产全过程中大数据、区块链等各类信息技术的应用，为农产品赋予数字属性，创制出数字农产品；技术创新上，利用物联网、人工智能等数字技术的集成应用，农业生产从依靠经验的传统方式转变为依靠模型的精准决策；市场创新上，通过电商的精准对接和倒逼机制，创造新的消费，顺应消费升级的需要，满足各类群体的精准消费需求；资源配置创新上，通过对动植物从营养生长转入生殖生长全过程的数据化精确感知，可以实现投入要素的最佳组合，极大提升农业全要素生产率；组织创新上，通过对新型经营主体、生产加工企业等的数字化改造，创造出云农场、云超市，实现数字化的规模生产经营，可以促进小农户与现代农业有机衔接，带来生产方式的重大变革，衍生出如订制农业等新的商业模式，还可以促进生产者与消费者相融合，产生新的"产销者"主体。

（二）利用农业全产业链大数据优化资源配置，提高农业全要素生产率

农业全产业链大数据应用能大大提升农业生产资源配置能力，降低运行损耗。以信息流带动技术流、资金流、人才流和物资流，促进资源优化配置，提高全要素生产率。通过物联网传感实时在线数据和历史记录数据的采集分析，构建动植物生长模型，可以使动植物生长过程实现按需供给，最大限度发挥动植物生长潜力，优化资源配置，并解决农业面源污染等问题。提供精准生产、加工、流通各环节数据信息，可实现有效监管和全程可追溯，保障农产品质量安全。

（三）利用农业全产业链大数据提高灾害预测预报能力，防范农业生产风险

一是农业全产业链大数据结合气象大数据能够做到对气象灾害的精准预测，为农业生产经营中的及时防灾、减灾、救灾和恢复生产提供更大的帮助，以此构建合理有效的风险防范机制。二是通过物联网技术自动采集和传输农业生产中的各类生物灾害信息，运用生物灾害模型智能运算分析，实现对生物灾害的发生与发展实时分析和预测，并以此开展有针对性的控制干预，更好地实现"预防为主、综合防治"的植保方针以及动物的"未病先治"。三是通过产量动态评估、价格早期预测、市场流向监测、消费者用户画像分析等方式，指导农业生产者生产适销对路的产品并适时销售，减少无效生产，提高农业生产收入。

（四）利用农业全产业链大数据精准对接产销，推动形成农产品市场流通新格局

农业全产业链大数据可以降低信息不对称的影响，减少经济行为过程中的不确定性，使得供需双方能够进行更为有效合理的决策和交易。农产品供给方因大数据而获得优化其生产体系、供应链体系的发展机会，并带来低成本、高效率的竞争优势。农产品需求方可以更低的成本、更便捷的方式选择满足其需求的产品与服务，获得更好的消费体验。从整个社会层面来看，大数据在产销对接中的促进作用，使得大数据技术成为推动商业模式变革的关键力量，也正在重塑农产品流通新格局。

（五）利用农业全产业链大数据辅助决策，提升政府治理数字化能力

坚持市场导向，调整优化农业结构，是农业供给侧结构性改革的主要任务。大数据应用正在引发政府治理模式巨大变革，推动形成

"用数据说话、用数据决策、用数据管理、用数据服务"的数字政府。通过农业全产业链大数据平台实现农业生产、加工、流通、消费、贸易等产业链各关键环节数据的汇集、开发和挖掘,提升政府部门对市场运行的实时感知能力,让事前、事中和事后全过程监管成为可能,使政府对农业产业发展的调控更加科学、精准和高效。

三、"四轮驱动"加快农业全产业链大数据建设

推进农业全产业链大数据建设的总体思路是,坚持需求导向、问题导向、应用导向,充分发挥大数据的预测预警、优化投入要素结构两大核心功能,以单品种全产业链为主线建设条数据,以县域农产品生产基地和现代农业园区为单元建设块数据,条块结合,建立数据采集、分析、应用的循环体系,以大数据驱动农业高质量发展,让农民群众有更多获得感、幸福感、安全感。从农业全产业链大数据发展的战略布局来看,要与网络基础设施、地区经济发展水平相结合,数字技术市场化程度高的东部省份率先发展,鼓励支持市场主体参与大数据试点示范工程建设。同时,加大对中西部地区和粮食等重要农产品在大数据建设方面的支持力度。要通过构建数据资源体系、强化大数据分析应用、构建数据资源共享共赢合作生态、打造大数据建设成果集成应用示范区等"四轮驱动"方式,加快农业全产业链大数据建设。

(一)以关键环节核心数据资源为重点,全面构建数据资源体系

构建数据资源体系是农业全产业链大数据建设的基础性工作。农业数据资源体系构建要围绕全产业链大数据发展需求,坚持"全系统、全要素、全过程"的理念,建立现代信息技术条件下的新型农业数据获取体系,全面提升我国现代农业发展的数据基础支撑能力。一是构建涵盖农业产业各领域和农业生产各环节的数据资源标准化体系,二是提升基于"天空地"一体化的农业数据资源采集获取能力,三是加强农业全产业链"云""网""端"特别是物联网等信息化基础设施建设,四是构建农业数据安全防护体系。

（二）以支撑产业发展为方向，强化农业全产业链大数据分析应用

统筹农业全产业链数据资源，强化在数据分析、指挥调度、预警预报、安全追溯等方面的应用实践。一是建立农业智能生产决策控制体系。推进物联网、人工智能等技术在种植、畜牧和渔业生产中的应用，提高农业生产管理、指挥调度等数据支撑能力，提高农业生产智能化水平。二是加强农业全产业链数字治理。完善农业自然灾害监测技术手段，加强数据实时采集获取能力和灾害研判预测预报能力建设。建立健全国家动物疫病、植物病虫害信息数据库体系和防控指挥调度系统，提升监测预警、预防控制、应急处置和决策指挥的信息化水平。加强农业电子商务、农产品期货交易、电子拍卖、批发市场电子结算等产销数据的采集与监测分析。加强农产品加工数据采集体系建设，加大消费端数据采集分析力度。加快建设国家农产品质量安全追溯管理信息平台，实现农产品生产、收购、贮藏、运输等环节的全程追溯管理。

（三）以数据资源共享开放为切入点，构建农业全产业链大数据共享共赢合作生态

除国家规定保密的数据外，通过内部梳理整合和外部开放共享，下大气力推进农业农村系统内各单位各部门之间、涉农组织和机构之间数据共建共享，推动形成跨部门、跨区域、跨层级的农业全产业链信息资源共享共用格局。一是采取"逻辑互联先行、物理集中跟进"的策略，率先在农业农村系统内实现数据资源共建共享。认真贯彻落实国务院部署要求，扎实推进与涉农部门数据在国家共享平台上实现共享交换。二是健全数据分级分类制度，建设政府数据统一开放平台，逐步实现农业农村部门数据集向社会开放。三是尽快启动构建全国农业数据共享交易平台（图 3），建立政府、科研教育、市场主体协作协同的数据共享交易机制。

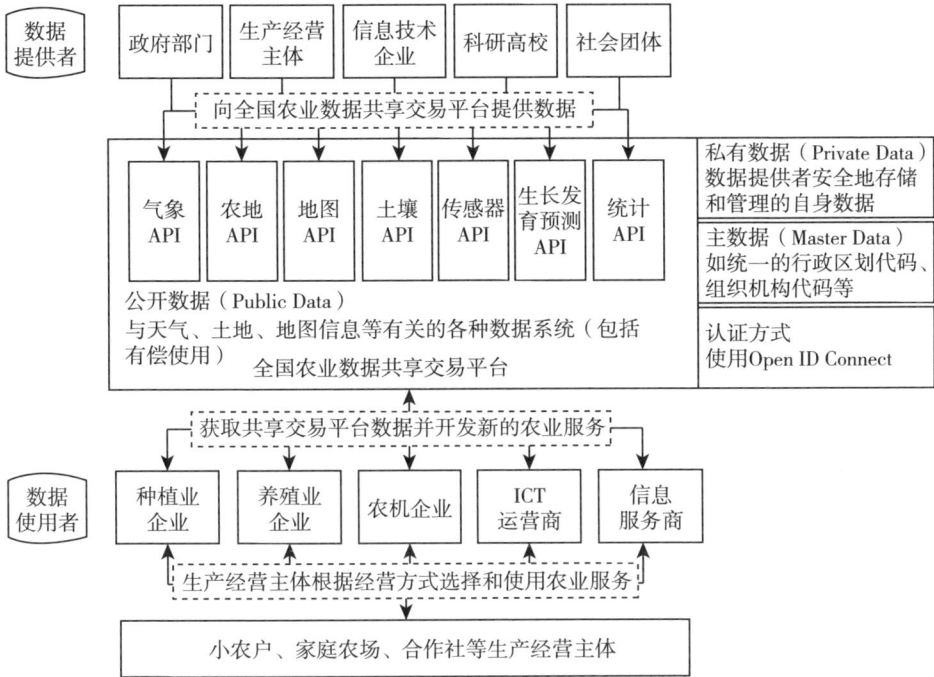

图 3　全国农业数据共享交易平台逻辑结构图

（四）以适度行政区域为载体，打造农业全产业链大数据建设成果集成应用示范区

通过大数据技术的集成应用，组织实施一批基础好、预期成效高、带动性强的示范项目，创新建立"典型示范、辐射引导、熟化推广、全面发展"的拓展模式。一是加大大数据新技术新产品新模式的应用推广力度。通过试点先行、示范引领，以点带面、点面结合，推动大数据技术在农业全产业链关键环节中的应用。二是布局建设一批农业全产业链大数据试点示范县和农业农村数字经济示范区，鼓励试点地区探索形成可复制、可推广的农业全产业链大数据发展新路径、新模式。三是在全国农产品质量安全示范县、产业强镇、一村一品示范村（镇）开展"大数据＋区块链"技术应用试点，切实发挥大数据、区块链技术在政府监管中的作用和经济及社

会效益。

四、多举措支持保障农业全产业链大数据建设

大数据与现代农业发展深度融合对实现农业现代化的新动能作用日益凸显，要把农业全产业链大数据建设作为数字农业、数字乡村发展的"一号工程"予以推动，重点从基础设施、产业生态、市场环境、财税金融、人才队伍等方面提供强有力的支撑保障（图4）。

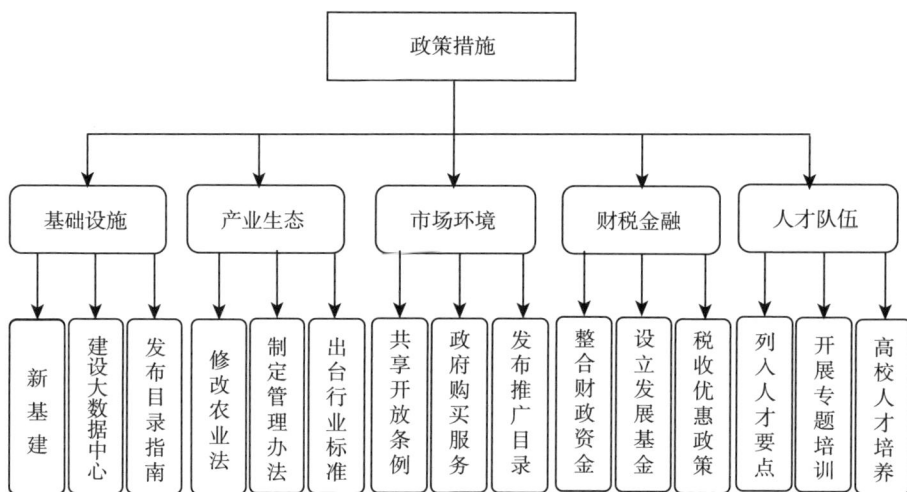

图4　农业全产业链大数据建设政策举措结构图

（一）将农业全产业链大数据建设纳入农业农村"新基建"重点支持领域

建议将农业全产业链大数据建设作为"十四五"新基建的重要内容、战略举措，加大财政支持，每年有计划地组织实施。尽快启动农业农村大数据中心建设，在金农工程和现有网络条件基础上建设部省两级大数据体系。深入推进农业物联网区域试验示范工程建设，拓展应用场景，提升农机智能装备水平，全面升级农业数字基础设施。

（二）建立健全制度体系和标准规范

围绕农业全产业链大数据各个环节，深入研究并完善相关法律制度和标准体系。一是政府投资建设公共数据平台。借鉴日本"农业数据协作平台（WAGRI）"建设经验，建设"全国农业数据共享交易平台"。开发统一接口（API），制定共享交易规则，实现农业产业各类实时数据对接、数据互联、数据共享、业务协作等。二是以立法的方式明确农业农村大数据建设的权利和义务。享受政府资金支持的涉农组织及个人，必须按要求履行向政府部门提供准确涉农数据的义务。三是制定《农业农村大数据管理办法》。就农业全产业链数据的存储、确权、安全、使用、交易等相关权益作出规定。四是抓紧研究制定出台一批农业全产业链大数据行业标准和操作规程。

（三）营造以市场为主体的发展环境

建议完善和出台支持政策措施，通过政府购买服务、PPP、特许经营等有效方式，积极引入社会力量参与，鼓励企业等市场主体加强农业大数据新产品、新技术开发应用，逐步形成"以数据换服务、以服务促协作、以协作促发展"的农业全产业链大数据产业生态圈。依托科研院所、高校、企业等企事业单位建设一批农业大数据创新中心和重点实验室，强化核心关键技术研发。发布一批农业全产业链大数据核心关键技术攻关目录，鼓励和支持科研院所及有关企业开展联合攻关。

（四）加大财税金融支持

财政方面，将农业物联网设备、智能装备等纳入农机购置补贴或设立专项补贴资金，加快提升农业生产数字化、智能化水平；整合调整现有农业农村信息化项目资金使用方向，重点支持大数据项目建设，对于示范作用明显、应用效果良好的项目，给予"以奖代补"

"先建后补"等方式的资金支持。金融方面，发起设立农业大数据发展基金，创设农业大数据企业上市融资政策，重点扶持培育一批世界级农业全产业链大数据企业和"独角兽"科技企业，给予贴息、低息或无息贷款支持。税收方面，联合国家税务总局等部门出台相关文件，对于农业大数据企业给予更为优惠的税收减免政策。

（五）加强人才队伍建设

在基层农业农村干部轮训工作中、在面向涉农企业等新型经营主体的培训工作中，加强信息化、大数据等相关内容培训，加快提升农业一线生产经营管理者的信息化素养、数字化技能。依托高校、科研院所、IT企业等部门或机构，通过产学研用一体化方式有针对性的培养一批既懂农业又懂大数据的复合型人才。

新形势下的国家粮食安全问题研究

陈永福

现阶段，新型冠状病毒肺炎疫情在全球蔓延，全球经济环境严峻而复杂，存在着经济全球化和区域政治经济一体化浪潮与逆全球化风潮并行的态势，我国经济正在迈向以国内循环为主、国际国内互促的双循环发展新格局。在自然灾害频率和幅度不断提升之下，受中国粮食生产局面的严峻性、世界出口粮源的集中性、中国食物消费胃口剧增和转型、中国粮食消费数据的不完整性以及粮食库存数据的非公开性等因素影响，中国的粮食安全面临着很大的不确定性，一旦粮食供求的哪一个环节出现了问题，这些因素的作用可能使其从点向面不断放大蔓延，危及人民生活和福祉。习近平总书记所说的"确保国家粮食安全，把中国人的饭碗牢牢端在自己手中"，这一论断的战略意义和重要性日益凸显。

改革开放以来，中国用世界八分之一的耕地，百分之六的水资源，养育着世界百分之二十一的人口。"民以食为天"，中国的粮食安全不仅事关本国经济社会发展稳定大局，而且对世界政治经济格局具有深远影响。十九大报告指出，我国社会的主要矛盾已经转化为人民日益增长的美好生活需要和不平衡不充分的发展之间的矛盾。在人民日益增长的美好生活需要中，吃饱、吃好、吃得安全健康是首要，这就从数量、结构、质量、流通、贸易等多方面、全方位对粮食安全提

注：本文系《新形势下的国家粮食安全问题研究》课题研究成果节选，课题主持人：陈永福，单位：中国农业大学，课题参与人：朱文博、韩昕儒、温婷、郑子伟。课题组承诺本成果严格遵守了相关学术研究道德规范。

出了新的要求。因此，有必要明晰新时代中国粮食供求形势的基本特征和演变态势，准确识别和判断未来中国粮食安全形势，未雨绸缪制定综合的粮食安全保障战略。

一、中国粮食供求形势的历史演变特征和未来新趋势

（一）在需求侧方面，粮食需求总量持续增长、需求结构向非直接食用用粮比重增加方向转变是长期趋势

从历史演变来看，中国粮食需求量不断扩张、结构逐步转型。2017 年中国粮食需求总量达到 7.83 亿吨，较 2000 年增长 69.4%；从中国粮食需求的具体类别来看，2000 年到 2017 年间，直接食用粮食需求量从 2.81 亿吨减少到 2.21 亿吨，减幅为 21.3%；饲料粮需求量从 1.28 亿吨增加到 2.36 亿吨，增幅为 83.9%；淀粉加工、酒精生产、榨油等工业需求量从 0.56 亿吨增加到 2.47 亿吨，增加了 3.41 倍。从粮食需求结构来看，直接食用需求（以下：食用需求）、饲料需求和工业需求之比从 2000 年的 57：26：11 变为 2017 年的 30：32：33，其他需求比重基本保持在 5%～6%（图 1）。其中，饲料需

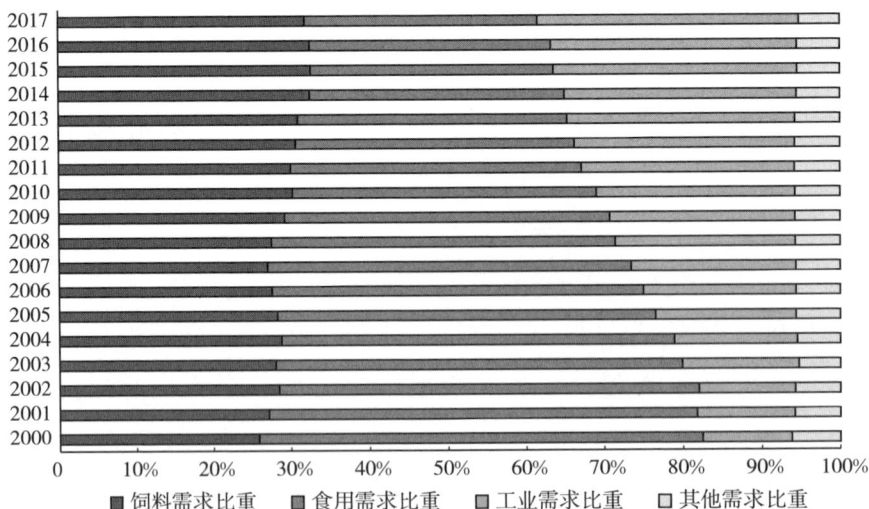

图 1　2000 至 2017 年中国粮食需求结构变动情况（单位:%）

数据来源：作者估算

求和工业需求的增长是中国粮食需求增长的主要动能。进一步从人均粮食消费量变动来看，2000—2017 年，中国人均粮食消费量已经从364.8 公斤增至 564.1 公斤，已远超既有的人均粮食最低必需 400 公斤的认知水准。

从未来的粮食需求新趋势来看，人口、城镇化、消费观念和模式转变等因素会进一步提高粮食总需求规模，其中尤其是饲料粮需求规模。

第一，中短期内中国人口总量会持续增长，人口结构会向老龄化发展，根据联合国人口司的中位方案预测结果，中国人口顶峰将会出现在 2027 年[①]，国内人口规模的扩张效应将拉动总体粮食需求规模增长。与此同时，60 至 65 岁的人均食物消费当量不减反增的事实也表明，老龄化的人口结构也将进一步拉动粮食需求规模上升[②]。

第二，城镇化和农民工市民化的推进将带动粮食需求总量增长和结构转型。随着农村居民转变为城市居民，其食物消费观念和模式也随之融入城市，再加上城市所带来的收入提升效应，大规模农民工群体落户城市[③]会带来该群体人均粮食消费量的增加，同时因其消费结构向肉、禽、蛋、奶、水产品等动物类食物转型升级，还将会进一步拉动饲料粮需求的增长。

第三，脱贫攻坚后的脱贫人口群体会因收入增长、从自给向购买型消费者的身份转变而带来粮食需求规模的增加。一方面，贫困人口群体不同于中高收入群体，其食物需求的收入弹性更高，相当于整个埃及人口的近 1 亿[④]脱贫群体因收入增加而带来的粮食需求增量应引

---

① 根据联合国人口司预测，中位变动方案下中国将在 2017 年达到人口顶峰。https：//www. un. org/en/development/desa/population/index. asp

② 根据反映人口结构特征的成人食物消费当量计算结果，65 岁之前食物消费当量随着年龄的增长而逐渐增高。

③ 中国的城镇化率已经接近 60%，距离发达国家的 70%～80%还有巨大的进步潜力。同时，2014 年 3 月国务院发布的《国家新型城镇化规划（2014—2020）》中提出要"实现 1 亿左右农业转移人口和其他常住人口在城镇落户"，与 2016 年 9 月 30 日发布的《推动 1 亿非户籍人口在城市落户方案》，均显示推动中国城镇人口进一步增加的宽松环境及较大的支持力度。

④ 根据国家统计局相关数据，我国贫困人口从 2012 年的 9 899 万人，减少到 2018 年的 1 660 万人，2020 年将实现全部脱贫，总脱贫人口相当于相当于埃及的总人口。

起重视。另一方面，易地搬迁和经济作物产业扶持模式下的扶贫政策使脱贫人口群体从粮食自给逐步转变为粮食净消费对象，这必将扩大现有粮食需求规模。

（二）在供给侧方面，粮食供给面临的形势将日趋严峻，净进口继续增长是大势所趋

从历史演变来看，粮食生产呈现"两增一降、玉米居首"的生产格局。首先，"两增"是指 2000 年以来粮食总产量和单产均呈增长趋势，根据国家统计局最新数据，2019 年全国粮食总产量和单产水平分别达到了 66 384 万吨和 381 公斤/亩，比 2003 年的最低点分别增长了 54.1%和 32.0%；其次，"一降"是指粮食播种面积在 2016 年后呈下降趋势，2019 年全国粮食播种面积下降到 1.16 亿公顷，比 2016 年下降了 2.7%；最后，"玉米居首"是指粮食生产品种结构发生较大变化，玉米取代水稻成为第一大粮食作物，2019 年玉米播种面积和总产量占粮食的比重分别为36%和 39%（图 2、图 3）。

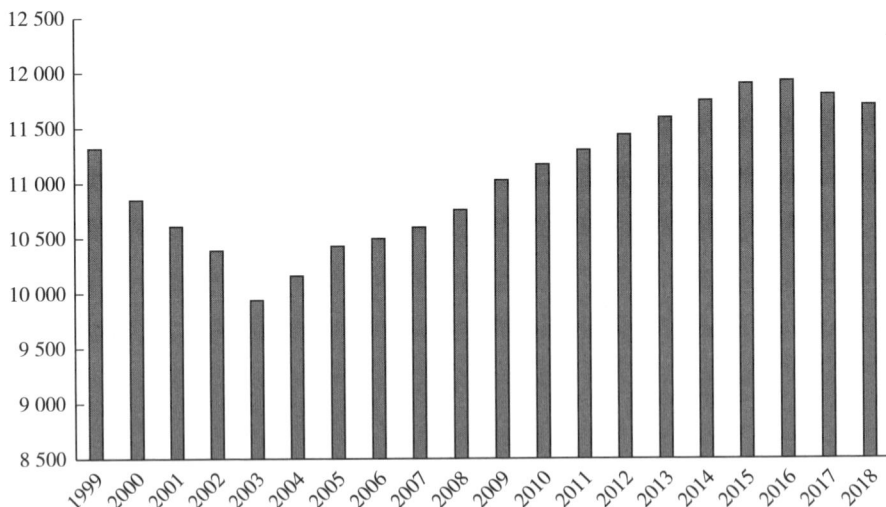

图 2　2000 至 2018 年中国粮食播种面积变动情况（单位：万公顷）

数据来源：国家统计局

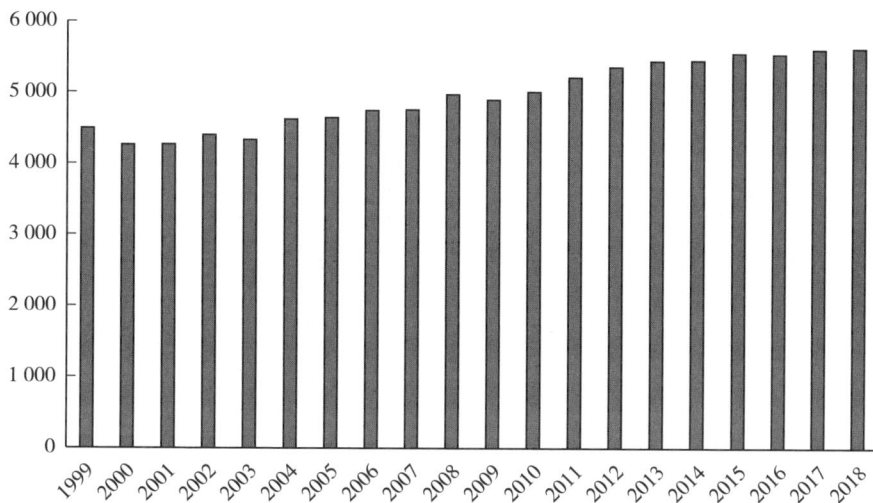

图 3　2000 至 2018 年中国粮食单产变动情况（单位：公斤/公顷）

数据来源：国家统计局

　　从粮食生产格局的历史变动来看，区域间粮食种植格局变化显著，粮食生产重心向我国东北方向偏移。本研究进一步运用重心分析法测算了粮食及其作物重心迁移的方向和距离，根据测算结果，粮食种植面积的重心和粮食产量的重心都向东北方向迁移。其中，从重心坐标的变动看，粮食种植面积的重心坐标坐落地从 1914 年河南邓州市迁移到 2016 年的河南延津县，进一步从粮食产量的重心坐标坐落地的迁移可以看出，粮食总产量重心坐标坐落地从 1914 年湖南省湘潭县迁移到 2016 年的河南滑县（图 4）。

　　粮食贸易出现全面净进口的贸易格局。粮食各品种均为净进口，粮食总净进口量从 2004 年的 2 599.4 万吨增至 2017 年的 1.24 亿吨，相当于进口了 3 214 万公顷的耕地，占中国粮食播种面积的四分之一，其中，大豆和饲料粮净进口量持续快速增加是主要动因，从 1995 年开始，中国从传统的大豆出口国转变为大豆净进口大国，并且进口量持续上升；2000 年大豆进口首次超过 1 000 万吨；2003 年大豆进口量首次突破 2 000 万吨；2015 年大豆进口量超过了 8 000 万吨，2017 年全年大豆进口量创新高，达 8 410.1 万吨。虽然粮食净进口规模不断扩大，但是中国人的口粮"饭碗"端得很牢，谷物的自给

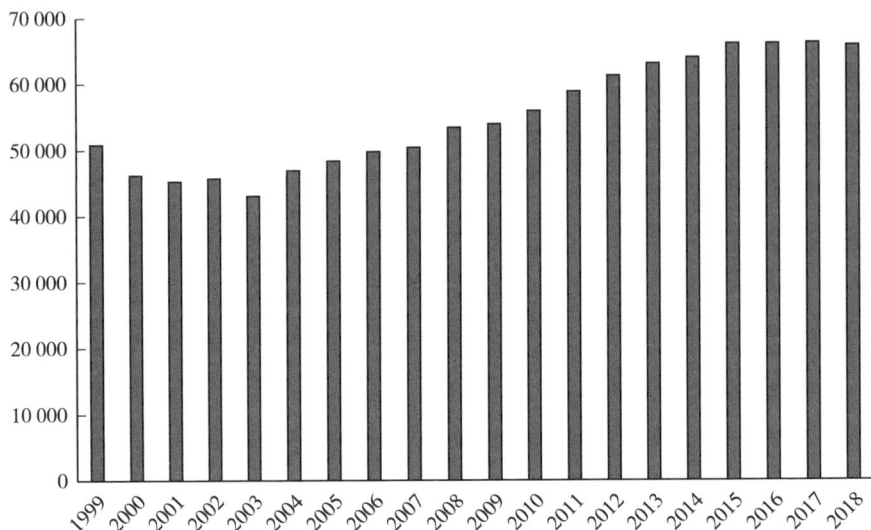

图 4　2000 至 2018 年中国粮食总产量变动情况（单位：万吨）

数据来源：国家统计局

率在 2017 年仍能保持在 98.1%，其中，口粮作物水稻的自给率在
2017 年维持在 98.1%，小麦的自给率维持在 96.9%。

　　从未来的新趋势来看，资源制约所致国内生产的"降速"与新冠
肺炎疫情在全球蔓延导致的进口不确定性的"提速"等因素会对粮食
生产和贸易形势产生深远影响。

　　第一，经济发展对粮食生产用地的"蚕食"呈现加剧和不可逆转
的态势以及粮食生产主体的演化是国内粮食生产"降速"的根本所
在。首先，非农用地和农用地的竞争加剧，尤其是城镇化和工业化的
快速推进严重挤占耕地，其中，城市规模的辐射状扩张、新兴开发区
的点状扩散以及核心道路两旁的带状延伸等不同扩张模式是蚕食国内
有限耕地资源的局部显现。其次，随着农村土地快速流转，新型农业
经营主体不断涌现，土地规模经营不断发展，但是其之于粮食安全具
有两面性，它在提高生产效率、增加产出等方面具有正面影响的同
时，也在一定程度上存在"非粮化"现象，进而给粮食生产带来不确
定性冲击。最后，部分地区耕地撂荒化现象非常严重，这都显著压缩
了粮食生产用地。以上三个挤压效应也解释了近三年来粮食播种面积

下降的主要原因。

第二，粮食生产对水资源的依赖性逐步增强，而水资源的短缺、水资源与粮食生产空间分布格局矛盾等问题又加剧了国内粮食生产"降速"的严峻形势。我国以占全球 6% 的淡水资源养活了全球 21% 的人口，但是"南多北少"的水资源自然禀赋与粮食生产重心北移的现实相悖，虽然国家积极建设南水北调工程和提倡节水，然而我国水资源依旧处于紧缺状态，每公顷耕地水资源占有量 21 000 立方米，仅占世界平均水平的 50%[①]。不仅如此，水资源保护等国内生态环境政策实施过程中的"层层加码""一刀切"做法，客观上也可能对粮食生产产生影响。

第三，我国对外开放新形势、全球新冠肺炎疫情的蔓延、逆全球化趋势将会导致粮食贸易不确定性增长"提速"。当前经济贸易全球化和区域经济贸易一体化发展趋势明显，尤其是我国所主导和参与的"一带一路"倡议和中国国际进口博览会的推进、自由贸易区和自由贸易试验区的建设等促进了粮食进口的增加，同时，国内外食物间价格差与差异化或异质化的需求导向会进一步加速进口增加。但是新冠肺炎疫情在全球范围的大流行等突发事件加剧了国内外农产品市场的不确定性，逆全球化势力"抬头"，这些极端事件对贸易冲击的不确定性将会以各种方式直接或间接对国内食物供给产生非对称性冲击和影响。

二、未来中国粮食供求形势的基本判断

综合我国粮食供求的基本特征以及供求两侧演变的新趋势，并结合以往研究机构和学者的预测结果，未来我国粮食供求缺口可能被大大低估了。因此，本研究对未来 15 年内我国粮食供求形势的基本判断为：粮食需求会迎来新峰值，未来我国的粮食进口规模将显著增加。

---

① 引自康绍忠院士论文"贯彻落实国家节水行动方案 推动农业适水发展与绿色高效节水". 中国水利，2019（13）：1-6.

为了进一步验证此判断，研究团队在现有我国食物供求局部均衡模型基础上，对模型结构、数据和参数进行了优化和更新，开发了全国水平上的中国食物供求模型（China Food Demand and Supply Model，CFDSM）。本研究以 2017 年为基期，在中位、高位、低位、成人食物消费当量①以及灾害致逐步减产 30％ 的五种情景方案下，利用 CFDSM 局部均衡模型对 2018—2035 年我国粮食供求形势进行了模拟预测，预测品种为水稻、小麦、玉米、大豆以及其他粮食。主要研究结果为：

（一）粮食进口规模将持续增长

2020—2035 年间我国粮食进口规模将会稳步增加。首先，2018 年到 2025 年粮食净进口规模会进一步扩大到 14 023 万吨至 17 103 万吨，与 2017 年相比，净进口规模的增幅为 1 651 万吨至 4 731 万吨，其中的中位方案预计为 3 268 万吨。其次，与 2017 年相比，到 2035 年总体粮食净进口规模会进一步扩大到 16 058 万吨至 20 045 万吨，净进口规模增幅为 3 686 万吨至 7 673 万吨，其中的中位方案增幅为 5 924 万吨。如果以 2008—2017 年年均 4.69 亿吨的世界粮食贸易量为基准，未来我国粮食进口占世界粮食贸易量的比重会达到 30％ 以上。

（二）人口老龄化和自然灾害会使粮食进口显著增加

在老龄化（成人食物消费当量）方案和自然灾害致减产 30％ 的方案的模拟结果中，2035 年的粮食净进口规模会扩大到 18 164 万吨至 39 922 万吨。即如果考虑到人口老龄化进程的 46～69 岁的人均食物当量的上升因素和极端自然灾害的影响，按照 2008—2017 年年均 4.69 亿吨的世界粮食贸易量为基准进行测算，到 2035 年我国粮食进口占世界粮食出口量的比重会达到 38％ 以上，即使按 2016 年世界粮

---

① 成人当量方法可以提供以标准消费人为尺度的家庭人口结构的测量。其基本思想是通过设定一个标准消费人（成人）的消费权重为 1，然后根据其他人群的不同消费需求计算其相对于标准消费人的权重，这些权重称为成人当量。

食出口量 5.79 亿吨为基准计算，对世界市场依赖度也会高于 30％。

（三）各粮食品种自给率都将出现不同程度下降

从分品种的模拟结果来看，到 2035 年粮食自给率在 77.0％～80.9％间变动，中位方案的结果为 78.6％，其中，谷物自给率为 92.5％，水稻 94.5％，小麦 91.3％，玉米 91.4％，大豆 12.6％，其他粮食 58.6％。口粮完全能够实现自给自足，按对世界市场的依赖度大小来看，各粮食品种的顺序依次为大豆、其他粮食、小麦、玉米和水稻。

综合以上分析可以看出，我国粮食进口规模扩大是一个长期趋势，将面临新的峰值，而且各粮食品种对世界市场依赖逐步增大。可见，"洪范八政，食为政首"，粮食安全依然是治国理政的头等大事，如何确保我国粮食安全问题依然是我国农业政策的重中之重（表1）。

三、确保我国粮食安全的政策建议

我国粮食进口扩大已成长期趋势，如何在需求规模增长和结构转变、供给侧受阻和贸易不确定性增加的新形势下，因势利导得提前做好进口增加的预案，已经成为确保我国粮食安全的关键问题。因此，有必要建立综合性的粮食安全永久保障战略。

（一）正确处理农业供给侧结构性改革和确保国家粮食安全的关系

牢固树立粮食安全观，统筹农业供给侧结构性改革和粮食安全的目标与政策。农业供给侧结构性改革应充分考虑未来产业链延伸与发展的因素，防止因此导致玉米依赖度的螺旋形或波浪形变动。

（二）建立以东北、西北和中原地区为核心的永久国家粮食安全保障区

立足强化国内粮食生产潜力来确保国家粮食安全的战略思路，建

表1　各方案的粮食供求模拟结果

年份	中位方案	低位方案	高位方案	成人食物消费当量方案	灾害致逐步减产30%方案	中位方案	低位方案	高位方案	成人食物消费当量方案	灾害致逐步减产30%方案
	净进口量（万吨）					较基期增减（万吨）				
2017年（基期）	12 372.3	12 372.3	12 372.3	12 372.3	12 372.3					
2025年	15 640.4	14 023.2	17 103.2	14 963.9	26 871.9	3 268.1	1 650.9	4 730.9	2 591.6	14 499.6
2035年	18 296.6	16 058.2	20 045.2	18 163.9	39 921.5	5 924.3	3 685.9	7 672.9	5 791.6	27 549.2
	国内产量（万吨）					较基期增减（万吨）				
2017年（基期）	65 931.5	65 931.5	65 931.5	65 931.5	65 931.5					
2025年	65 927.9	66 406.0	66 063.1	65 927.9	54 928.0	−3.6	474.5	131.7	−3.6	−11 003.5
2035年	67 188.3	67 966.0	67 211.2	67 188.3	44 580.7	1 256.8	2 034.5	1 279.7	1 256.8	−21 350.8
	需求量（万吨）					较基期增减（万吨）				
2017年（基期）	78 303.8	78 303.8	78 303.8	78 303.8	78 303.8					
2025年	81 568.3	81 696.1	83 166.3	82 158.7	81 799.8	3 264.6	3 392.3	4 862.6	3 854.9	3 496.0
2035年	85 484.9	84 465.9	87 256.6	85 794.0	84 502.2	7 181.1	6 162.1	8 952.6	7 490.2	6 198.4
	自给率（%）					较基期增减（%）				
2017年（基期）	84.2	84.2	84.2	84.2	84.2					
2025年	80.8	82.6	79.4	81.5	67.1	−3.4	−1.6	−4.8	−2.7	−17.1
2035年	78.6	80.9	77.0	78.7	52.8	−5.6	−3.3	−7.2	−5.5	−31.4
	人均直接食用消费量（公斤）					较基期增减（公斤）				
2017年（基期）	159.3	159.3	159.3	159.3	159.3					
2025年	146.7	143.7	149.8	148.2	146.4	−12.5	−15.6	−9.5	−11.1	−12.8
2035年	130.3	124.9	135.9	133.5	129.2	−29.0	−34.4	−23.4	−25.8	−30.0

资料来源：根据各方案运用模型进行模拟的结果

立粮食安全永久核心保障区，开展区域的粮食供需匹配制度，提供有利于粮食生产的特殊制度安排。尤其是土地经营制度、新型粮食经营主体培育方面的制度，应优先安排在粮食安全保障核心区实施，并根据实际情况因地制宜逐步推开。

（三）坚定和强化农业土地利用的用途管制制度

与日常遥感、区块链和网格化的群众监督机制相结合，建立有效的耕地变动监测体系，加强农业执法功能和权限，防止耕地资源被"蚕食"，夯实确保粮食安全的供给力。还要有机协调好粮食种植和非粮化耕地面积之间的关系。

（四）树立系统、整体、全面的综合粮食安全观

树立包含粮食安全、生态安全、能源安全、关联产业安全、应急通道安全、地缘政治安全在内的综合安全观。发展、延伸和完善粮食产业链，变粮食产业为创新产业，建立以进口原料粮为核心的粮食加工及关联产业的全球出口基地。着重强化建设南北粮食通道或走廊，尤其是要全面开展高铁粮食物流通体系的建设，实现安全战略与策略的统筹协调机制和应急反应机制的统一。

（五）健全国家粮食安全战略监测、研判、预警和应对机制

加强对我国人口规模和结构变动以及区域迁移的监测与研判，有效把握未来粮食需求的结构变动趋势和区域集中需求效应，制定出能够及时应对的应急策略安排。

（六）提升对国际粮食市场和价格的话语权、影响力、控制力

充分利用日益扩大的市场优势，推动建立国际粮食进口国家或地区联盟的国际制度安排，积极开拓远东和中亚及东南亚的周边粮食市场，确保进口来源的近距离化和多元化。

（七）加强粮食的储备和应急管理能力

增加对智慧粮仓的支持力度，建立更加完善的仓库轮转制度，有必要公开库存数据。同时，要健全粮食应急保障和供应体系，优化粮食应急供应、配送、加工布局，以应对公共突发事件下的粮食供给。

农业绿色转型与耕地生态补偿：
粮豆轮作补贴政策研究

司　伟

不可持续的农业生产是影响中国粮食安全的潜在隐患。粮豆轮作补贴政策作为中国国家层面首次出台的耕地生态补偿，能够有效激励农户利用轮作的生态功效，助力中国农业绿色转型，在中国农业环境政策演变中具有里程碑式的意义。本研究在系统分析开展粮豆轮作补贴政策必要性的基础上，借鉴生态补偿政策设计框架，梳理出耕地生态补偿政策设计的核心要点，并据此对粮豆轮作补贴政策进行政策评估，最后根据评估结果提出完善粮豆轮作补贴政策的对策建议。

一、开展粮豆轮作补贴政策的必要性

（一）农户轮作意愿强，但实际轮作比例低

根据课题组对黑龙江省和内蒙古自治区的农户调研发现：农户有较强的意愿进行粮豆轮作（73.9%），但鉴于粮豆轮作和玉米连作收益存在一定的差距，现实中农户实际轮作的比例较低（36.3%），意愿和行为的较大背离（37.6%）表明农户对粮豆轮作补贴具有较强的

注：本文系《绿色转型与耕地生态补偿：粮豆轮作补偿政策研究》课题研究成果节选，课题主持人：司伟，单位：中国农业大学，课题参与人：陈海江、蔡海龙、赵启然、赵勇、葛静芳、陈光燕、翟天昶、喻佳节、刘泽琦、王新刚、李鑫源、祝明妍。课题组承诺本成果严格遵守了相关学术研究道德规范。

政策需求。

（二）粮豆轮作提供的生态服务存在正外部性

现代农学发现轮作具有提高土壤氮磷钾和其他营养元素含量、改善土壤有机质和土壤结构、减少土壤侵蚀、改善土壤微生物群、减少病虫害和杂草等良好的生态效益。然而，轮作生态功效中只有体现为农药化肥投入减少和单产增加部分可以转化为农户收益，其他的生态功效存在正外部性，因而要鼓励农户进行粮豆轮作，政府有责任对农户进行补贴。

（三）农业政策目标的改变需要新的政策工具与之匹配

2016 年，政府发布《建立以绿色生态为导向的农业补贴制度改革方案》，表明随着社会的转型，农业不再被国家仅仅视为食物和原料的生产系统，而是更加凸显出其多功能性。依据发达国家的经验，这一新的变化可以通过引入耕地生态补偿这一政策工具与之相匹配。粮豆轮作补贴是对农户采用特定土地利用方式进行奖励，符合耕地生态补偿的定义。而在人地矛盾突出的中国，粮豆轮作"种地、养地"兼具的特点，是开展耕地生态补偿实践的理想选择。

二、耕地生态补偿政策设计的核心要点

耕地生态补偿的基本思路是通过补偿的方式将具有正外部性的生态服务内部化，以此激励农户提供生态服务，使得农户（生态服务提供者）和社会（生态服务使用者）都因为生态补偿项目的实施福利有所改善，即实现社会的帕累托改进。具体运行如图 1 所示。

从图 1 可知，耕地生态补偿项目的良好运行涉及生态服务的提供者（农户）、生态服务的购买者（政府）以及支付补偿三大要素。由此可归纳出耕地生态补偿政策设计的核心要点即：补偿对象的瞄准、补偿标准的合理化以及政府补偿缺位时备份机制的构建。

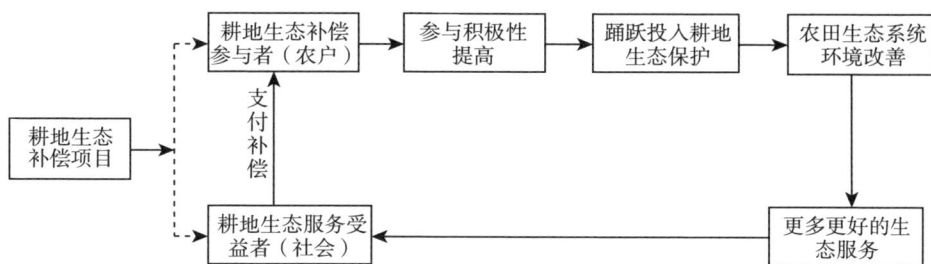

图 1　耕地生态补偿运行机制

（一）补偿对象的瞄准

实践中耕地生态服务存在许多潜在的提供者，而从潜在生态补偿对象中识别出生态服务提供成本最低，或者提供生态服务潜力最大的对象则有助于实现生态补偿的效率，进而节省财政资金，提高项目运行的可持续性，因而在政策设计时需要重点关注。

（二）补偿标准的合理化

实施耕地生态补偿项目的目的是通过一定的货币补偿在农户和社会之间实现帕累托改进，进而提高双方的福利。因而补偿标准必须大于农户实施耕地生态补偿的成本，小于农户提供生态服务的价值（图 2）。实践中确定生态补偿标准涉及如何将耕地生态系统提供的生态服务价值量化。当前学界常用的测算办法包括直接成本法、机会成本法、条件价值法、选择实验法和市场价值法。

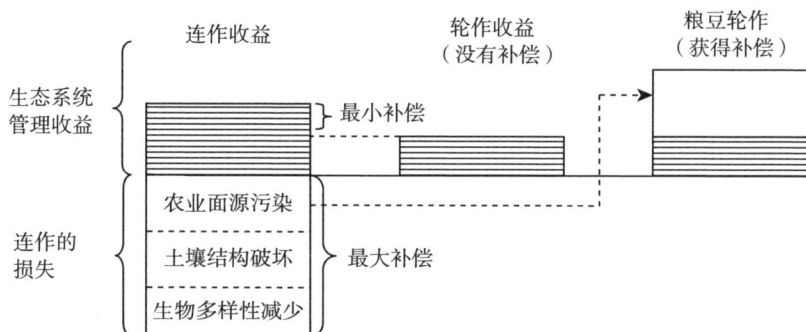

图 2　粮豆轮作生态补偿标准制定基本思路

（三）耕地生态补偿备份机制的构建

耕地生态系统提供的生态服务通常具有正外部性，因而具备公共品的属性，所以在这类生态补偿项目中政府一般作为生态服务的购买者。而实践中政府购买生态服务常常存在一定的政策周期，因而在政府补偿缺位的情况下如何继续激励农户提供耕地生态服务同样是政策设计时应该关注的重点，即如何在政府补偿之外构建备份机制。

三、粮豆轮作补贴政策评估

课题组通过对黑龙江省和内蒙古自治区的农户调研了解到，粮豆轮作补贴政策在具体落地时对满足以下要求的农户给予 150 元/亩的补贴：第一，上一年种植玉米的合法耕地上，下一年种植大豆；第二，连片种植并且种植面积达到 500 亩以上（部分地区 300 亩以上）；第三，在同一地块上第三年种植杂粮杂豆。从政策的要求来看，补贴对象主要面向规模大户，补偿标准为 150 元/亩，且整个东北地区采取统一的标准。本部分基于第二部分归纳的耕地生态补偿政策设计核心要点，对粮豆轮作补贴政策进行评估，其具体评估思路如图 3 所示。

（一）补偿对象出现瞄准偏差

由于当前粮豆轮作补贴主要针对规模大户，因此补偿对象是否瞄准就体现为以下三个可检验的问题：大规模农户的耕地质量是否显著差于小农户（提供生态服务的潜力）？大规模农户自发轮作的概率是否显著低于小农户（政策的边际效应）？不同规模农户对轮作补贴政策的需求存在怎样的差异（政策是否对特定规模农户有效）？见图 3。

通过实证检验发现：①大规模农户的耕地质量并不显著差于小农户，也就是说将补偿对象确定为大规模农户并不能起到激励耕地质量较差的农户采纳粮豆轮作技术的政策效果。②小农户自发轮作的概率

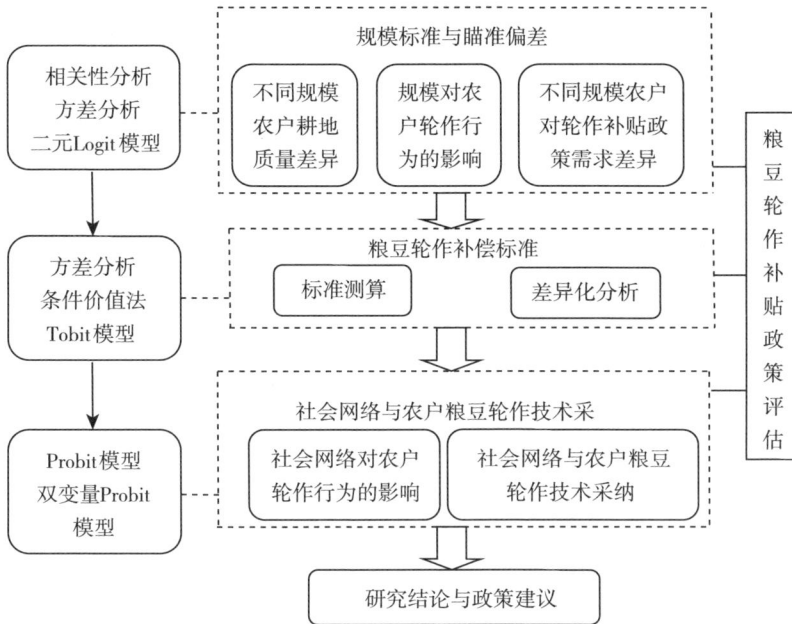

图3　粮豆轮作补贴政策评估思路

较低且对补贴具有较强的政策需求，也就是说对小规模农户进行粮豆轮作补贴能够产生更大的边际政策效应。结合以上两点推断，粮豆轮作补贴对象存在瞄准偏差。

（二）补偿标准制定不合理

粮豆轮作补贴主要针对轮作生态功效中产生正外部性的部分，而轮作提高作物单产，减少农药、化肥投入都可以内化为农户收益。但是调研中发现当前轮作补贴标准制定采取的是机会成本法，按照玉米大豆比价及东北地区两者的平均产量以 1 : 3 的收益平衡点确定每亩补偿150 元，没有考虑粮豆轮作生态功效中可以内化为农户收益部分；此外，调研中还发现东北地区不同积温带下农户的种植业结构存在差异，因此，农户对进行粮豆轮作可接受的补偿标准也存在差异。本研究通过条件价值法（CVM）测算了不同积温带下农户粮豆轮作的受偿意愿，测算结果如表 1 所示。

表 1　不同积温带下农户粮豆轮作的受偿意愿（WTA）

积温带	WTA（元/亩）	标准差	积温带	WTA（元/亩）	标准差
第一积温带	84.03	54.22	第四积温带	73.30	41.43
第二积温带	72.28	44.46	第五积温带	52.37	29.84
第三积温带	66.26	43.84	总体	69.95	45.11

从表 1 可知，当前补偿标准对农户存在过度补偿，而且不同积温带下农户的受偿意愿存在显著差异，需要考虑针对不同积温带采取差异化的补偿标准。

（三）农户社会网络可作为政府补偿之外的备份机制

作为一项政府主导型生态补偿，粮豆轮作补贴受制于政策实施周期，因而涉及项目结束之后生态服务的持续性问题。本研究考虑到中国农村社会作为一个紧密的社会团体，社区内部传统的规范、声誉机制和熟人之间的信任与互利可能会激励农户提供具有公共品性质的耕地生态服务，因而关注农户社会网络对其粮豆轮作决策的影响。

研究发现：农户的亲缘社会网络显著促进农户采纳粮豆轮作技术，并且有助于农户将轮作意愿落实为轮作行为。由此推断亲缘社会网络可以作为另一种激励机制鼓励农户进行粮豆轮作，在政府补偿出现缺位之后起到缓冲、承接的作用，进而提高粮豆轮作补贴这一政府主导型生态补偿项目生态服务的持续性。

四、推动我国农业绿色转型和完善粮豆轮作补贴政策对策建议

（一）在农业生态治理领域进一步引入生态补偿机制，通过有效的激励机制解决农业生产的外部性和公共品问题，助力中国农业绿色转型

当前中国在森林、流域、矿产资源、自然保护区等领域已经较多

的采用生态补偿机制，并且取得较好的政策效果。但是在农业生态治理领域，生态补偿机制的应用目前还处于起步阶段。未来，要提高农业生态治理的效率，激励农户进行绿色生产，可以进一步扩大生态补偿机制在农业生态治理领域的应用，并且借鉴国外的已有实践和前沿研究，提高生态补偿项目在政策设计阶段的科学性。

（二）将小规模农户纳入粮豆轮作补贴的政策范围，同时充分利用自然科学家的研究成果，实现粮豆轮作补贴对象在空间上的瞄准性

粮豆轮作补贴政策以规模为导向，将规模农户作为补贴的主要对象，存在补偿对象瞄准偏差，因此，需要考虑将小规模农户纳入粮豆轮作补贴的政策范围。

当然，将小规模农户纳入补贴范围，在扩大政策覆盖面、激励小农户采纳粮豆轮作技术的同时，也增加了政府的政策成本。在财政资金有限的现实约束下，需要尽可能节约粮豆轮作补贴的政策成本，同时进一步提高补贴资金的利用效率，由此本研究建议利用自然科学家的研究成果，对东北地区各县（市）的耕地质量进行评估。明晰不同县（市）耕地质量的等级，以此确定补偿对象在地域层面的优先序，使得财政资金能够首先满足最需要轮作补贴政策支持的地区。

（三）降低粮豆轮作补贴政策补偿标准，并针对不同积温带实施差异化补偿

基于不同积温带下农户粮豆轮作受偿意愿的测算结果显示：农户的受偿意愿不仅低于当前的补偿标准，而且不同积温带下农户的受偿意愿存在显著差异。考虑到农户粮豆轮作的受偿意愿是农户进行粮豆轮作可接受的补偿金额，因而以不同积温带下农户粮豆轮作受偿意愿为基础制定补偿标准，可以通过降低补偿金额和差异化的补偿方式提高补贴资金的利用效率。

（四）关注社区内部的激励机制（社会网络），通过多中心治理（社会网络＋政府补偿）的方式提高粮豆轮作补偿项目生态服务的持续性

　　社会网络作为个人社会资本的重要组成部分，既是个体和社区联结的桥梁，又是镶嵌资金、技术、信息等重要资源的载体，通过社会网络能够实现主体间的良性互动，有助于建立良好的协调机制，并能够促进集体成员之间的互利、互补与合作。因此，在开展政府主导型耕地生态补偿项目时（粮豆轮作补贴政策），要注重提高农户的社会网络，通过社会网络和政府补偿的有效结合，提高项目生态服务的持续性。

农村集体建设用地入市进展、阻碍与对策

丁琳琳　　王大庆

中国共产党第十九届中央委员会第五次全体会议审议通过了《中共中央关于制定国民经济和社会发展第十四个五年规划和二〇三五年远景目标的建议》，对我国所处发展阶段作出了新的重要判断，即我国发展处于重要战略机遇期，将以"十四五"规划期为开端，开启全面建设社会主义现代化国家新征程。大力促进城乡资源均衡配置，推动城乡协调发展，落实乡村振兴战略，加快推进农业农村现代化步伐，将为全面建设社会主义现代化国家奠定坚实基础。深化土地制度改革，推进农村集体经营性建设用地入市，建立城乡统一的建设用地市场，将为推进新型城镇化和农业农村现代化提供支撑。

一、推进集体经营性建设用地入市有利于促进农业农村现代化

深化集体经营性建设用地入市改革有利于解决农业现代化建设用地、农业发展资金、农民资产管理和农村统筹发展等四大难题，以促进农业农村现代化。

注：本文系《农村集体建设用地入市研究》课题研究成果节选，课题主持人：丁琳琳、王大庆，单位：中国农业科学院、海口经济学院，课题参与人：陈秧分、聂颖、王国刚、刘文勇、周怀龙、郭君平、董渤。课题组承诺本成果严格遵守了相关学术研究道德规范。

（一）推进集体经营性建设用地入市解决农业农村现代化用地难用地贵问题

推动集体经营性建设用地入市，赋予其与国有建设用地同等权能，充分发挥市场在土地资源配置中的决定性作用，实现城乡土地平等入市、公平竞争，培植市场信心，盘活集体建设用地入市，并优先用于农村，可优化村庄建设用地结构，拓宽土地供应渠道，增强农村产业发展用地保障能力，为合理解决企业低成本用地和乡镇及村级工业园区建设用地难提供实现路径，促进资本下乡乃至乡村产业集聚。

（二）推进集体经营性建设用地入市为农业农村现代化建设提供资金来源

集体经营性建设用地入市，包括集体经营性建设用地使用权抵押，被资本市场接受和认可，能够显化和放大集体土地价值，增加农民、农村集体经济组织和地方政府的土地财产收入，使基层更有能力承担农业农村现代化建设支出。

（三）推进集体经营性建设用地入市促进提升乡村治理水平

集体经营性建设用地入市前，需要入市主体协助乡镇编制村庄规划、依法办理产权登记、通过前期开发完善入市地块的基础设施使其达到入市条件，而上述事项须经村集体讨论、决策、执行。因此，通过有序推进集体经营性建设用地入市，有利于提高村民对集体资产的管理能力，有利于村民自治组织和基层政府增强法治意识、治理能力及凝聚力，有利于激活农民参与乡村治理的内生动力。

（四）推进集体经营性建设用地入市统筹农村改革发展

集体经营性建设用地入市是统筹农村改革与发展的重要抓手之一。除了宅基地制度改革、土地征收制度改革，农业发展现代化、城乡公共服务均等化、农村基础设施标准化、村庄人居环境改善、农村集体经济壮大、移民搬迁等相关改革，与集体经营性建设用地入市统筹协调推进，可放大农业农村综合改革成效，推进乡村振兴和城乡融合发展，加快农业农村现代化进程。

二、集体经营性建设用地入市进展与特点

（一）入市背景与进展

在农村土地完成集体化以后，集体成员用地由集体内部分配使用。改革开放后，农村土地制度改革聚焦于承包地，客观上对我国城镇国有建设用地的两权分离有启发意义。20 世纪 80 年代，我国城镇国有建设用地有偿使用制度改革开启，不仅为吸引外资、发展产业提供了用地，也为建设经济特区和城市筹集了大量资金，成为支撑此后几十年中国经济高速发展最重要的宏观政策工具之一。在这一过程中，我国土地市场也逐步形成、成熟。但农村集体建设用地并没有同步纳入有偿使用轨道。在城市优先发展策略下，大量农村土地通过征用国有化，失地农民可得到经济补偿且可实现身份转变。随着市场经济的发展，原有的征地政策失去吸引力，而土地价值日渐显化，经济发达地区农民率先觉醒，农村集体建设用地自发入市多发，甚至形成了隐形土地市场。20 世纪 90 年代，集体建设用地入市问题引起了国家主管部委重视，开始试点农村集体建设用地入市，至今，各级集体建设用地入市试点实践已有三四十年，形成了基本的入市规则、产生了多种入市途径、出现了多层次的用地市场、探索了多种形式的交易平台、构建了市场制度体系框架，促进了集体建设用地入市进入立法阶段，并于 2021 年实现集体经营性建设用地入市交易规则写入"土地管理法实施条例"。

（二）入市的动力来自三方面

尽管制度限制了集体建设用地入市的发展，各界对集体建设用地

入市实践和理论的认识也有诸多分歧和不同主张，但在全国范围内，集体建设用地入市实践长期活跃，分析其动力主要来自三个方面：一是农民。在经济发达地区和城市郊区农村，建设用地市场需求旺盛，土地价值显化，农村建设用地有市场，农村和集体也有发展和致富的愿望，有实现集体建设用地入市甚至开发集体建设用地的主观能动性。二是地方政府。在建设用地需求旺盛而供给不足，存量国有建设用地难利用的地区，地方政府在"严守底线，大胆探索"的指导思想下，推动并规范集体建设用地入市，以解决本地经济社会发展中的用地难、用地贵的问题。三是中央政府。中央政府希望通过逐步推进集体建设用地入市，促进缩小征地范围，建立有序的城乡统一的建设用地市场，让市场在土地资源配置中起决定性作用，提高土地利用效率，促进城乡公平、协调发展。

（三）入市范围和规模扩大，效果明显

1. 入市的集体建设用地来源增多，存量与增量并存。主要有三大类，一是存量集体经营性建设用地，包括乡镇企业用地、村办企业用地等，是目前入市地块的主要来源；二是增量集体经营性建设用地，包括自愿有偿退还给集体的宅基地，未利用的集体土地，农转非土地，闲置的集体公益性建设用地；三是闲置农房及其宅基地，通过出租农房、入股联营、合作建房等形式，实现入市。

2. 集体建设用地入市规模扩大。从农村集体经营性建设用地图示改革试点数据看，集体建设用地入市的宗地数量、面积、价款额、土地和房屋抵押贷款额、政府获得的土地增值收益调节金都有不同程度的增加，腾退的零星、闲置宅基地户数和面积也有所增加，集体经营性建设用地入市更加深入，越来越得到社会和市场的接受和认可。

3. 集体用地入市取得了综合效益，不仅增加了农民和集体收入，提升了农村土地利用水平和管理意识，促进了集体建设用地市场的成长，在提高产业用地保障能力、促进县域经济发展，推动城乡融合、

乡村振兴和其他改革等方面也发挥了积极作用。目前，入市土地用途以工矿仓储为主，占51.1%，商服用地为辅，占44.5%，促进了二三产业发展；农民集体可能获得90%左右的土地增值收益，而在征收模式下，该比例约为23%；集体建设用地二级市场有所发展，集体建设用地再流转占比提升；入市规则、市场制度体系、服务监管制度更加完善，与国有土地市场逐步接轨，共享交易平台，例如，建立集体建设用地入市后规划许可制度；倒逼缩小了征地范围。浙江德清、义乌的征地规模缩小了14.1%、11.5%；在推进入市过程中，地籍管理、土地确权颁证、村庄规划、违建治理、宅基地制度改革、农房建设管理、土地整治等相应农村土地管理工作都得以清理和改进，减少了违法用地，更好的保护了耕地，推动了城乡统规统建以及农村集体经济组织的建设、乡村治理水平的提升。

（四）现阶段入市体现出四个特点

1. 集体建设用地储备量较大。据自然资源部的统计数据显示，至2018年底，全国农村集体建设用地大约16.50万平方千米，占建设用地总面积的72%，其中集体经营性建设用地占13.3%左右，约4 200万亩，是储备可利用建设用地的重要来源。

2. 入市交易量偏小，区位差异明显。经济社会水平发达的地区，集体经济组织架构完整，组织功能健全，入市主体更加规范，入市交易量大，土地增值收益多；经济社会水平欠发达的地区，集体经济组织尚未建立，集体成员对于集体资产股份化改革的积极性不高，入市主体的组织程度和市场化水平较低，入市交易量小，土地增值收益少。

3. 农户入市意愿强，市场接受度提高。由于能够获取土地增值收益，农民有较强的集体建设用地入市意愿。抽样调查显示，在贵州省，85.25%的农户愿意将存量农村集体建设用地流转入市。在政策信号、集体建设用地公开交易规则和平台明确，农村基础设施和公共环境得到改善的条件下，市场选择集体建设用地的信心更足。

4. 宅基地盘活利用成为新亮点。在贵州,闲置农房入市在入市的集体建设用地中占 10.38%,入市方式以出租为主,主要有三种类型:一是乡村旅游带动的短期出租;二是施工建设带动的外来务工人员长短期租赁;三是外来经商者租赁。

三、集体经营性建设用地入市难题表现与问题症结

深化集体经营性建设用地入市改革,必须面向经济主战场的实际需求,坚持问题导向,关注上一轮改革试点中暴露出的有待破解的深层次问题,并把这些问题作为深化入市改革的主攻方向,在既有改革成果的基础上,加大探索力度,力争取得更好的改革成效。目前,集体经营性建设用地入市试点反映出的入市难点和阻碍主要涉及以下六个方面。

(一)具备入市条件的土地不足、分布不均,制约了社会投资开发的积极性

存量集体经营性建设用地规模并不小。但因地块小、分布散、土地产权关系不清、存在法律经济关系问题、基础设施和公共服务配套不足等,其中不少土地不具备入市条件。据调查统计,存量集体经营性建设用地以乡镇企业建设用地和村办企业用地为主,主要分布在东部沿海、城市周边和乡镇中区位较好的地段,只有近半村庄有存量集体经营性建设用地,且地块小、分布散、确权完成度不足。在苏州,入市的集体经营性建设用地面积普遍在半亩以内,一般不超过 1 亩。大连等地仅有小部分存量集体经营性建设用地地块规模适合入市。在湖北省,部分村庄集体建设用地确权完成度不足 30%,以往集体经营性建设用地入市缺乏规范的书面合同,存在使用管理混乱及产权争议等历史遗留问题,短期内难以入市。农村集体经济组织也缺乏整治开发建设用地、配套基础设施和公共服务的经济实力与能力。

（二）入市实施主体不成熟，制约了交易的市场化程度

集体经营性建设用地入市实施主体的土地经营业务素质达不到土地市场的要求。目前，农村集体产权制度改革尚未全部完成。集体经营性建设用地入市主体主要是乡、村、组集体经济组织或村民委员会及村民小组，入市实施主体主要是取得法人资格的集体经济组织或村民委员会，或由其委托、授权的法人组织，入市实施主体负责实施具体的入市事项。在组织入市申请、民主表决、入市方案等工作和材料时，他们能够得到政府的指导和市场第三方有资质单位的专业支持，但是，与市场第三方、用地方、各级政府及相关部门的交往互动，对土地市场的认识和把握，对政策、法规、法律的理解和运用，主要依靠其自身的能力和水平。集体经营性建设用地入市仍处于继续探索阶段，市场环境条件和规则还在不断探索与调试中。上述集体经营性建设用地入市实施主体市场经验少，自我学习成长、管理能力有限，作为新兴的土地市场主体，在不成熟的集体经营性建设用地市场环境条件下，开展专业性较强、交易程序相较国有土地市场更为复杂的市场交易时，面临着更大挑战。

属于乡镇农民集体所有的集体经营性建设用地，其入市实施主体可以委托乡镇人民政府下属事业法人单位，这就赋予了乡镇人民政府下属事业法人单位"土地市场主体"这一新角色、新身份。然而，在实施集体经营性建设用地入市的过程中，乡镇政府下属事业法人单位不能简单照搬照抄上级政府经营城镇国有建设用地的经验、办法，如何处理好政府与市场、农民、集体之间的关系，对其而言也是新问题、新挑战。

（三）乡村治理能力和水平不足，阻碍入市推进

乡村治理能力和水平不足，使集体经营性建设用地入市程序难以顺利进行，还可能导致低价出让集体经营性建设用地使用权，滋生"微腐败"，出现"小官巨贪"，甚至引发农村社会稳定问题。集体经

营性建设用地入市申请和入市方案均需经过村民会议三分之二以上成员（或村民代表）表决同意，如果入市实施主体的政策宣传、组织动员、矛盾纠纷调处等工作不力，或在乡村社会中的权威性不足，得不到村民信任，那么，集体经营性建设用地入市将不可能进入政府审批环节，也就不可能发生入市交易。土地成交后，农民群众是否有异议，异议是否能得到解决，也检验着集体经营性建设用地入市的民主决策质量和水平。集体经营性建设用地入市收益的分配、使用和管理涉及到广大农民的切身利益，容易引起矛盾纠纷，处置不当则可能引发社会稳定问题，考验着村民自治能力、乡镇政府的农村基层治理能力以及市县政府的服务、监管能力。

（四）制度环境不能全面支撑入市行为，用地市场意愿强活力不足

集体经营性建设用地市场制度体系不健全，部分配套政策缺少上位法支持，存在法律冲突与风险。例如，集体经营性建设用地入市相关的税费制度仍在讨论探索中，缺乏市场第三方开发集体经营性建设用地应符合的条件要求和应遵循的行为规范，入市土地的开发利用监管职责不明晰等。另外，国家部委未正式出台相关指导意见，意味着集体经营性建设用地入市改革仍需深化、继续试点。在新修改的《土地管理法》的框架下，在全国范围内推开集体经营性建设用地直接入市不会迅速得到国家层面的法律法规支持，其中隐含着各试点现行的集体经营性建设用地入市行为与未来国家层面的集体经营性建设用地入市相关规范存在法律冲突风险的可能。这也是导致用地市场有意愿利用集体经营性建设用地但行动迟疑的重要原因之一。

（五）部分技术性问题没解决，阻碍集体经营性建设用地入市

县域国土空间规划已在编制中，村庄规划尚处于缺失或面临调整的状态，需要合理确定村庄集体经营性建设用地、宅基地、公益性建设用地等各地类的规模与布局，集体经营性建设用地的规划用途与布

局，作为集体经营性建设用地有序入市的一个前提。土地增值收益核算难，收益分配平衡点难把握，导致政府和农村集体经济组织推进集体经营性建设用地入市的积极性不高。集体经营性建设用地整治入市牵涉面广、难点多、耗时长。金融机构有疑虑，集体经营性建设用地使用权抵押融资不够顺畅，等等。

（六）地方财政收支矛盾和竞争性发展压力削弱了政府推进入市的积极性

在经济发展新常态和转变发展方式的大背景下，全国国有建设用地供应量下降，土地出让金收入增速减小，土地金融风险控制加强，而地方政府增收手段有限，财政运行处于"紧平衡"状态。地方债一般为专款专用，政府财政支出的自主性受到限制。地方政府从集体建设用地入市增值收益中获取的收入比较有限，不会是地方政府增收的重要来源。如果对集体建设用地入市行为规范不够、把控不严、监管不力，可能会出现大量"投机"和扰乱市场的行为，对地方产业、金融、城镇化、乡村振兴等的发展节奏和政府收入带来负面影响，降低了地方政府政府推进集体建设用地入市的积极性。

四、化解集体经营性建设用地入市难题的思考与建议

从上一轮集体经营性建设用地入市试点成效看，入市的土地主要是存量集体经营性建设用地，大部分以租赁或者出让的方式，通过就地入市的途径，进入土地市场，超过95％用于工矿仓储和商服用地，征收了超过10％的集体经营性建设用地入市总价款作为土地增值收益调节金，反映了产业发展对集体经营性建设用地的用地需求。

基于目前我国经济体量基数规模，在"十四五"规划期间，按照高质量发展的要求，即便实现年4％的GDP增长率，也需要相当规模的建设用地资源来支撑。在缩小征地范围已经得到明确的背景下，集体经营性建设用地作为重要的建设用地来源，份量将越来越重。如

果集体经营性建设用地不能顺利入市、足量入市，将不能满足农业农村现代化推进中的用地需求。但要实现集体经营性建设用地较高市场化程度的自主交易，有效满足城乡融合、农业农村现代化用地需求，释放集体经营性建设用地资源活力，还需要在宏观规划设计、中观制度建设、微观技术创新上进一步发力。

（一）加强集体经营性建设用地入市改革与经济社会发展大局的统筹融合

我国处于发展战略转折期和改革新阶段，发展机遇和挑战也有新变化。在继续推进集体经营性建设用地入市试点过程中应予以充分考虑，把握新形势和新环境，加强宏观经济社会形势下对集体经营性建设用地入市制度安排与实践的深入研究和统筹谋划，在中央"十四五"规划建议的指引下，统筹融合农业农村现代化建设需求，贯彻新发展理念，围绕深化供给侧结构改革、建设现代化经济体系、构建双循环发展格局、推动高质量发展，加强整体布局、规划引领和制度协调，综合考虑国土空间规划、乡村振兴战略规划、农民社会保障、农村集体经济发展、乡村治理、农村环境保护、安全、卫生、财税、金融、扶贫等有关方针、政策和法律法规的有关规定以及相关的改革要求，做好村庄规划和农村集体建设用地规模控制、布局与利用计划，尤其是协调好集体经营性建设用地入市和土地征收制度、宅基地制度改革的运行，系统设计集体经营性建设用地入市试点措施。

（二）发挥好各级政府作用，围绕解决技术性问题深化入市改革

中央政府明确深化集体经营性建设用地入市改革的原则、底线、目标、任务和指导意见，地方政府、农村基层根据自身改革条件和发展需求，以健全制度为核心，针对上一轮集体经营性建设用地入市试点中的重点、难点问题，因地制宜开展差别化的试验探索，加快解决其中的技术性问题。主要涉及以下方面：探索完善集体经营性建设用地的整治收储与开发利用管理机制，例如，集体经营性建设用地土地

闲置认定和处置的操作路径；加快完善基于多种入市方式的房地一体的农村集体建设用地使用权确权登记颁证办法；在集体经营性建设用地使用权抵押方面，继续试验以租赁方式取得的集体经营性建设用地使用权抵押问题，集体经营性建设用地抵押权人范围是否可从金融机构扩大到个人或一般类型的企业。同时，增强集体经营性建设用地入市改革的系统性、整体性、协同性，明确"公共利益"的标准和范围，建立公共利益认定争议解决机制，为市场调节集体建设用地配置预留更大空间。

（三）尽快健全国家层面的集体经营性建设用地入市相关配套细则

新修改的"土地管理法"为集体经营性建设用地入市提供了法律依据，但是，相关规定较为概括。集体经营性建设用地入市是一个系统工程，涉及面广，各试点的实际情况不同，出台的实施细则和实践操作差别明显，对入市条件、入市实施主体、入市程序和土地流转、使用、收回和收益分配等核心问题的探索深度也不同。例如，山西泽州探索了集体经营性建设用地作价入股及其收益分配方式；广西北流、河南长垣实践了集体建设用地入市建设商品住宅；广东南海和海南省允许集体经营性建设用地建设租赁住房；贵州湄潭允许宅基地中实际用于商服、工矿仓储等经营性用途的部分，分割登记为集体经营性建设用地，并赋予其出让、出租、入股、抵押、担保权能。这既是改革创新的需要，也存在诸多风险，需要中央政府在充分的理论和实践研究的基础上，尽快形成对一定时期内各地集体经营性建设用地入市具有普遍指导性的相关政策规定，目的是统一思想，消除改革试点顾虑，建设风险底线，对违背新修改的"土地管理法"精神的行为和实践证明不可行的试点政策进行规范，以便在风险可控的范围内，扩大试点范围，合理部署安排深化探索的重点领域和核心问题，以加快完善集体经营性建设用地入市制度、体制和机制。例如，优化异地入市政策，以更好地解决集体经营性建设用地地块小、分布散、不便于利用的问题；在国土空间规划、村庄规划中布局新增集体经营性建设用地，增大可入市土地的基数，确保在缩小征地范围的背景下，农村发展用地供应充足；采取托管、委托、授权等方式解决入市主体不成熟的问题；继续全面推进和巩固农村集体产权制度改革，解决集体资产管理水平不足的问题；建立区（县）、乡（镇）两级收储机构，代表村集体经济组织做好土地前期开发和流转土地，同时，完善收储运作办法，规避金融风险，提升集体经营性建设用地的市场竞争力。

（四）研判全面推进深化集体经营性建设用地入市的条件与时机

目前并不是大力推进集体经营性建设用地全面入市的好时机。原因是：集体经营性建设用地全面入市面临的最大风险之一在于改变土地用途。做好用途管制的前提是具有科学的村庄规划。只有村庄规划明确了地块用途，才能保证用途管制有落地依据。然而，国土空间规划编制尚未完成，省、市用地指标也未下发，村庄规划编制的依据不足，制约了集体经营性建设用地全面入市用途管制风险的控制。据调查，不少地方政府国土空间规划编制处于"划定三线"阶段，即优先划定永久基本农田保护红线和生态保护红线，合理确定城市开发边界，计划于2021年6月至7月正式完成国土空间规划编制工作，村庄规划完成进度将继续后延。而2021年9月1日起我国开始施行修订的《土地管理法实施条例》，其要求国土空间规划要合理安排集体经营性建设用地布局和用途，促进集体经营性建设用地的节约集约利用。仅从这一点看，目前，全面推进集体经营性建设用地入市的条件还不成熟。